2022 | 黑龙江省社会科学
学术著作出版资助项目

# 对话后现代建筑

陈晓媛/著

## 内 容 简 介

本书在现代与后现代审美理论的对话中，直面后现代建筑艺术的现实问题，从历史语境、反理性趋向、多元化原则、日常审美走向、美学趣味以及走向新建筑等方面多角度阐述后现代建筑设计的思想和精神，深入浅出地阐释问题，把建筑放在特定的文化情境中加以论述。全书紧扣后现代建筑艺术的表现形态、实质、嬗变轨迹展开，观点明确，视角独到，颇具启发性；配有大量精美的图片，为读者提供了图文并茂、层次分明的阅读空间。

本书可以作为广大读者从建筑、艺术、文化等方面了解后现代建筑知识的读物。

**图书在版编目(CIP)数据**

对话后现代建筑/陈晓媛著. —哈尔滨：哈尔滨工业大学出版社，2023.7

ISBN 978-7-5767-0826-4

Ⅰ.①对… Ⅱ.①陈… Ⅲ.①后现代主义-建筑艺术 Ⅳ.①TU-80

中国国家版本馆 CIP 数据核字(2023)第 100660 号

DUIHUA HOUXIANDAI JIANZHU

---

策划编辑 杨 桦
责任编辑 张羲琰
封面设计 郝 棣
出版发行 哈尔滨工业大学出版社
社 址 哈尔滨市南岗区复华四道街 10 号 邮编 150006
传 真 0451-86414749
网 址 http://hitpress.hit.edu.cn
印 刷 哈尔滨市石桥印务有限公司
开 本 787 mm×1092 mm 1/16 印张 11.5 字数 163 千字
版 次 2023 年 7 月第 1 版 2023 年 7 月第 1 次印刷
书 号 ISBN 978-7-5767-0826-4
定 价 68.00 元

---

◎

# 序

后现代主义思潮最初是从建筑开始的，研究后现代建筑，对于揭示后现代主义思潮及其发展历程，无疑是重要的。从时间上讲，后现代建筑就是现代建筑的延续。它打破了曾经冷冰冰的、千篇一律的水泥“方盒子”，使建筑回归环境，更贴近大众的生活，从而拉近了人们彼此之间的距离。这与人们物质的日益丰富和技术的不断提高密切相关，是对现代建筑的一种矫正。相比之下，现代建筑更注重实用，后现代建筑更注重美观。

伴随着非理性主义思潮在当代的迅速发展，后现代建筑集多元化、碎片化、非理性和非逻辑的表达于一体，多种审美的新向度密不可分。人们很难在这种艺术传达中明确真实与虚拟的界限，诸如部分表达反形式和反完美理念的后现代建筑，也仍包含着对古典建筑美学原则的承继，常常有着古典主义与后现代主义的同步表达或混合表现。就艺术传达的功能与媒介而言，本书所分析的后现代建筑包含了非线性、反理性和不确定性三重意味。后现代建筑是后工业社会的文化产物，它立足于对现代规划及总体性的激进批判，完成了对文化精神现代性与创造性的重建。后现代建筑以其超越现代建筑的审美理念、艺术特征及价值取向，适应了新型工业技术与当代生活方式，其中折射了一种反理性趋向，并始终秉持多元文化主义的原则。

后现代建筑并不是物质与知识概念互动的最终产物，其自身一直居于动态之中。作为后工业社会的文化产物，它并不固化于当代艺术史之中。其审美风格也在物质与知识的不断互动中呈现为“双重符码”的符号系统。通过对破坏性与建设性的重构，后现代建筑完成了自身激进批判立场的表达，其所指向的颠覆和消解具有强烈的大众性和政治性，以自由灵动的风格样式始终彰显独立、自由和超越的艺术精神。后现代建筑艺术家群体的建筑影像所反映的建筑原则和文化诉求决定了当代学者的研究策略，当代艺术史的概念在不断更新，建筑概念也在不断改变和拓展。

在本书中，作者认为，“后现代主义”一词不能等同于现代性文化思潮，而是发源于“现代性”的内部结构，其中包含了对“现代主义”的批判性继承和超越。当下要研究后现代建筑的艺术表征和文化意义，必须立足于哲学、文化、社会学、经济学等不同领域进行跨学科考察。这是因为，后现代建筑作为后现代主义文化的产物，其自身即展现了形态繁杂、流派众多的多元发展趋势。

作者对后现代建筑设计做了溯源，论述了它的载体呈现，并在建筑话语与建筑的历史传统、社会风尚、自我诉求以及文化语境之间进行对话。作者从后现代建筑设计浅层审美开始谈起，以一种历史话语的系统对现代主义的危机困境，以及后现代建筑的兴起进行论述。书中系统研究了诸如格雷夫斯、弗兰克·盖里、阿尔多·罗西、埃森曼、库哈斯、詹克斯等典型后现代主义建筑家的设计理念及建筑语言。

本书以后现代建筑艺术的反理性趋向与多元文化主义原则为主体，同时也讨论了从“现代主义建筑”到“后现代主义建筑”（这个“后”代表着异质性和多元化，代表了德里达、福柯等后结构主义流派的“后”，表达了对现代主义的激进否定与解构）的历史移位过程。基于后现代建筑设计所倡导的反传统、多元化以及个性化的解构观念，作者对母亲住宅、蓬皮杜国家艺术和文化中心、北京中央电视台总部大楼、广州大剧院等建筑做了较为全面的阐释,将一些后现代建筑师与美学家有关后现代建筑设计的历史观点巧妙地融入对后现代建筑设计的论述之中,从现代主义的功能实用美学与设计话语转换到对于建筑的装饰和意象的探讨之中。

本书以后现代建筑作为理论和实践中心,系统地表现了后现代建筑作为艺术与技术相结合的复杂和矛盾,以及此类建筑的历史生成语境与具体文化实践,围绕四个关键环节展开对后现代建筑的前沿探索,即后现代建筑通过颠覆批判精神实现对现代建筑的突破;后现代建筑以解构主义审美观念应对现代主义建筑的危机困境;后现代建筑以多元化的文化实践回应商业文化和通俗文化的审美趣味;后现代建筑艺术家这一特殊文化群体在建筑设计的方法和语汇上所形成的共识。

作者认为,后现代建筑这类艺术主体以不确定性、平面模式、行为化为主要特征,后现代建筑师群体以怀疑精神和批判精神共同践行超越传统与解放个体的文化逻辑。他们设计的后现代建筑兴起于理性主义的现代危机,包含了他们如何以后现代建筑的模糊性和共存性表达大众文化的审美趣味与历史诉求,全书的理论分析始终贯穿着一种整体性视野。

本书通过诸多后现代建筑的典型个案解读后现代建筑艺术中的"日常审美走向"。作者明确"日常审美走向"是后现代建筑在后工业时代的精神素质,值得学界关注,这与德国后现代美学家沃尔夫冈·韦尔施以对"日常生活审美化"的辩证认识建构"超越美学"是密切相关的。这也是后现代主义审美意识具有彻底批判精神的表现所在。在谈及"日常审美走向"时,作者认为后现代建筑借助个性情感的张扬避免了现代性的恐惧与疏离,以一种新方式涵括共有、自由和平等的理想,并重构了主体与历史、环境和他人之间的内在关系。作者还重点论述了后现代建筑对中心与边缘等级差别的消解,指明了接受者在对建筑影像的阐释和再创造的过程中实现个体精神空间的重建。

作者还指出了后现代建筑作为一个文本留有空间的和开放对话的可能。通过与后现代建筑设计中的不同声音进行对话与交流,在文本、读者、环境之间激发彼此的联想与想象,在丰富的内涵、外延中不断发现新的可能和新的意义。后现代建筑设计需要更多的观众与它对话,从这些建筑中找寻它的历史意识生成、宏大叙事结构的体现以及人文理念的抒发,用美学、历史学、哲学以及建筑设计理论与后现代建筑进行不同层面的对话。可以说,对话后现代建筑就是与设计者、建筑自身、历史语境之间的对话。以后现代建筑设计的理念为核心,强调其中所呈现的非理性、大众、波普、反讽、隐喻、符号以及“少就是乏味”等理念,以此推翻现代主义设计所倡导的“方盒子”设计瞬间,把生态主义、人文关怀、地域文脉以及身份认同以灵活多变的式样与建筑结合起来,在未来的时空中不断地自我阐释、自我完善和自我创新,并形成一种彰显个性、多元、独立、自由和超越世俗价值的人文精神载体。

本书在西方现代与后现代审美理论的对话中,直面后现代建筑艺术的现实问题,从历史语境、反理性趋向、多元化原则、日常审美走向、美学趣味以及走向新建筑等方面多角度阐述后现代建筑设计的思想和精神,深入浅出地阐释问题,把建筑放在特定的文化情境中加以论述,概括了后现代建筑产生和发展的社会背景,总结了后现代建筑的特点和规律的重要价值和意义,揭示了后现代建筑对现代建筑的继承和超越的深层意蕴,阐述了后现代建筑对于整个后现代主义文化思潮和思维方式的影响。全书紧扣后现代建筑艺术的表现形态、实质、嬗变轨迹所展开,观点明确,视角独到,颇具启发性。书中配有大量精美的图片,为读者提供了图文并茂、层次分明的阅读空间,值得向读者推荐。

朱志荣

**2022 年 7 月**

# ◎ 前言

现代主义建筑在20世纪前三十年的欧洲达到鼎盛时期。现代主义建筑大师们摆脱了传统建筑形式的束缚，用钢铁、水泥和玻璃取代了传统的木材、石料和砖瓦，大胆创造出适应于工业化社会的条件、要求的崭新建筑，并通过建筑实践、教育实践、建筑设计思想的不断完善，冲破了长久禁锢人们思想的传统建筑、传统设计模式。现代主义建筑控制建筑造价，反对任何装饰，突出设计中的经济原则，使建筑真正地面向广大人民群众。现代主义建筑具有高度的理性主义和功能主义色彩，建筑设计的基础是逻辑性、科学性，视觉美的装饰性基本被排除在外。现代主义建筑是建立在对科学技术的坚信不疑、对世界进步和客观真理的信仰之上的，建筑结构具有条理性、逻辑性、合理性，向往完美、纯洁、明晰的秩序。

现代性丧失文化情境的状况非常清楚地表现在最大众化的艺术——建筑中。这种国际化风格改造和重建着世界各地的城市形象、建筑和设计。

随着晚期资本主义和后工业社会的发展，20世纪60年代后现代建筑兴起，许多重要的后现代主义建筑大师们，如菲利普·约翰逊、詹姆斯·斯特林、彼得·艾森曼等，都经历了两个最重要的设计运动，即现代主义运动和后现代主义运动。他们早期都师从现代主义大师，对现代建筑非常入迷，对现代建筑的内容、实质、精神都有很好的把握。在实践中，他们认识到现代建筑的单调与乏味后，开始重新研究和发展现代主义建筑。

后现代建筑师们认为单调、统一的现代主义建筑片面强调功能性和经济性，走向了纯粹理性的极端，忽略了建筑的形式美对人的作用，忽略了人的情感和环境的作用。后现代建筑反对现代主义的权威性，反对现代主义者那种单一、“放之四海而皆准”的真理。它拒绝抽象，接纳意义和风格的多元主义，强调建筑的精神功能，双重译码、诗化思维、文脉主义是后现代建筑的主要特征，它试图借助隐喻性、模糊性、多义性反映一个开放和多元的形而上学体系。

本书把后现代建筑放入一个历史进程中去分析后现代建筑与现代建筑之间的异同，进而揭示后现代建筑产生的历史必然性；把后现代建筑放入后现代的文化语境中去阐释后现代建筑艺术与社会、政治、技术等多方面的关系。西方后现代主义是一个多义的概念，涉及全球政治、经济、文化等多个领域，并有着复杂的表现形式。后现代建筑美学正如哈贝马斯眼中的现代主义一样，是“一个未完成的事业”“一个未完成的理想”，因此，这条道路漫长修远，需要一辈一辈的学者不竭余力地进行探索。

本书在写作过程中，得到了许多专家学者的鼎力支持，他们无私地提供了大量资料和宝贵建议。在此对本书形成过程中付出大量心血的师长们致以衷心的感谢。

限于作者的学识和能力，书中论述不妥、征引疏漏讹误之处在所难免，真诚地希望能够得到方家的批评指正，从而进行更为深入的研究。

作者<br>**2022 年 7 月**

# 目　录

# 第一章　建筑:文化的缩影与符码

广义的建筑,并非是指房屋或居所,而是建筑物及其相关构筑物的统称。它是人类利用物质材料修建或构筑,并以空间的形式供人使用的场所与空间。从最初原始人的穴居、巢居,到经由平面围合起来的场所,再到追求美观的表现形式,建筑经历了漫长的发展过程。作为一个宽泛概念,凡以人类合乎规律性与合乎目的性的统一为理念构建的工程均可称为建筑。在拉丁文中,“建筑”(architecture)这个词的原义是“巨大的工艺”,这表明建筑不仅是可供遮风避雨的安全庇护所,还是技术与艺术创造结合的产物。质言之,建筑就是指按照审美的规律,运用独特的建筑艺术语言,使其形象具有文化价值和审美价值,具有象征性和形式美,体现出民族性和时代性,并满足人的各种社会需要的构造物。

## 第一节　美的艺术形式

与绘画、音乐、舞蹈、诗歌等纯艺术不同,建筑作为一门实用价值与审美价值、工程技术手段与艺术手段紧密结合的艺术门类,主要是通过空间实体的造型和结构安排,综合各门相关艺术,处理好与周围环境的结合,并通过合理的实用功能,利用先进的科学技术手段显示其艺术水平。“关于建筑作为艺术,本来在古典时期并没有受到怀疑,18 世纪当美学的现代划分方式最后确定下来时,建筑被归类为美的艺术。”①作为艺术的建筑不仅是美的象征,也是人之诗意生存的恰适反映。后期海德格尔热情宣扬“诗意的栖居”,而“筑造”就是“栖居”。他认为,“筑造不只是获得栖居的手段和途径,筑造本身已经是一种栖居”②。

作为实用艺术的一种,建筑与人们的日常生活联系尤为紧密。它不仅满足人们物质上的使用需求,还满足了人们精神上的审美需求。汉初萧何在修建未央宫时就说“天子以四海为家,非壮丽无以重威”。建筑艺术通过实体性物质材料,创造出实用性和审美性相结合的人工环境。它强调表现性,同时也表现了建筑师的审美理想或美学追求。即使是像勒·柯布西耶(Le Corbusier)这样的现代主义建筑大师,虽然不断强调“建筑同各种风格没有任何关系”,但他仍然承认“建筑是一种艺术,是一种感情表象,它处在建造的问题之外,超乎其上。建造的目的是将事物聚集起来,而建筑的目的是感动我们。当建筑作品随着我们所遵循的通用法则在我们内心发出回响,对于建筑的感情就产生了。当某种和谐形成的时候,我们就会被这件作品征服。建筑就是一种关乎‘和谐’的事物,它是‘纯粹的精神创造’”③。因而,建筑和建造有着明显的区别:前者是艺术,而后者仅是技术。

当然,建筑同物质条件和技术条件的关系也十分密切。作为技术与艺术的综合体,建筑的审美功能总是随着建筑技术与建筑材料的改变而发生变化。伴随世界各国建筑从木质结构、砖石结构再到钢筋水泥、轻质材料的演变,建筑美学思想也随之发生了巨大变化。必须注意的是,建筑绝不是钢筋和水泥的简单堆砌。建筑大师贝聿铭认为,“建筑是创造空间

---

① 陈望衡. 环境美学[M]. 武汉:武汉大学出版社,2007:365.

② 海德格尔. 演讲与论文集[M]. 孙周兴,译. 北京:生活·读书·新知三联书店,2005:53.

③ 勒·柯布西耶. 走向新建筑[M]. 杨至德,译. 南京:江苏凤凰科学技术出版社,2014:25.

的艺术”,建筑与艺术“实质上是一致的,我的目标是寻求二者的和谐统一”。随着现代科学技术的飞速发展,人们对物质生活和精神生活提出了更高的标准和要求。由于希望居住环境和生活空间能够更加符合美的标准,因而当代人对建筑的审美性和艺术性也提出了更高的要求。

作为一个独立的艺术门类,建筑是人类文明和社会发展不可分割的有机组成部分,也是一个多门学问融合的学科。自 18 世纪中叶德国哲学家鲍姆嘉通(Baumgarten)创立美学学科以来,建筑日渐成为西方美学著作的重要主题。在纯粹艺术和实用技术之间,建筑构建了一种日常生活审美化的典范。建筑离不开哲学、美学和艺术,它甚至就是一种广义的“哲学”。正如韦尔施(Welsch)所言,“哲学与建筑学两者之间,存在着一种古老的类似或家族相似。不仅是维特鲁威那样的古典建筑理论家,劝告建筑师要‘认真师从哲学家’,而且,像亚里士多德、笛卡尔或康德那样的古典哲学家,以及像尼采、维特根斯坦这样一些近代的哲学家,在他们重要文章中,也运用了建筑形象和概念。后现代思想也在不断地将自身对传统思想的质疑,同其对建筑含义的思考,以及关于造就不同的建筑思想和建筑结构的建议,联系在一起”①。当然,哲学也不断使用建筑的概念和隐喻,并一次次将其自我反思与建筑思想和城市规划联系在一起。事实上,大多数后现代主义理论都重视后现代建筑,认为它定义性地将后现代主义与现代主义分离开来。

诺伯格-舒尔茨(Norberg-Schulz)指出:“建筑是一种具体的现象。它包括大地景观和聚居地,以及房屋和有关房屋的种种阐释。然而,它又是一个活生生的现实。远古至今,建筑帮助人们,赋予人们的存在以意义。通过建筑,人们拥有了空间和时间的立足点。由是,建筑不仅仅关乎实际需要和经济原因,它还关系到存在的意义。这种存在的意义源自自然、人类,以及精神的现象,并通过秩序和特征为人们所体验。建筑又将这样一

① 韦尔施. 重构美学[M]. 张岩冰,陆扬,译. 上海:上海译文出版社,2006:141.

些意义变换成空间的形式。空间的形式在建筑中，既不是欧几里得的，也不是爱因斯坦的。在建筑中，空间的形式意味着场所、路径和领域，也就是人类环境的具象结构。因此，建筑定义的完满诠释，并不能从几何学或符号学的概念中得到。建筑应该被理解成富有意义的（象征的）形式。”①显而易见，这种形式就是“有意味的形式”，亦即建筑的文化样式。

## 第二节　物质与精神的代表

建筑关涉文化问题，这不仅因为它本身就代表着一种文化活动，还因为它处理的是文化状况；而在欣赏建筑的过程中，我们也获得了直观的文化形象。建筑就是文化的象征，也是文化的影像。古典建筑象征大于影像，而现代建筑则有可能相反。现代意义上的建筑审美活动已不再停留在对于形式和风格做传统意义的纯美学视觉的关照，而是将建筑置于更宽广的社会文化语义场中，对一系列与之密切相关的问题做有意义的翻印，从而使建筑的审美价值趋向也表现为更加关注精神、关注文化。后现代建筑学更是广义地涉及社会学、经济学、美学、环境学与哲学等一系列自然科学和人文科学的范畴。

虽然建筑艺术主要是一项个体创造活动，但自产生以来，它就比其他任何艺术门类更具强烈的意识形态特征。建筑本身具有物质文明的属性，它与物质条件和技术条件的关系最为密切，同时又兼具精神文明和上层建筑的特性。19 世纪末，随着工业化大生产和现代科学技术的发展，现代建筑艺术开始崛起，体现出与传统建筑迥然不同的时代特色。钢筋水泥建筑的出现，为高层建筑提供了物质条件，从而取代了西方建筑千余年来的“柱式”和“拱式”结构。1931 年建成的纽约帝国大厦（图 1.1）是世界上第一座超过 100 层的摩天大楼，它标志着现代建筑理念的胜利，也

① 诺伯格-舒尔茨. 西方建筑的意义[M]. 李路珂，欧阳恬之，译. 北京：中国建筑工业出版社，2005：前言.

象征着现代建筑文化的真正展开。建筑是一个文化的进程，无论建筑师如何强调创造力、个性化，建筑设计都无法摆脱文化发展总趋势的影响。

图 1.1　纽约帝国大厦

建筑是人类自我认知和自我升华的现实反映。人们创造了建筑，将自己的智慧、力量融入其中，它体现着人类文明的进程。在这一进程中，建筑融合了历史、艺术和科学精神，同时将民族文化深刻包含其间。作为民族文化的体现和时代精神的镜子，建筑总是以最直观的形象反映特定的社会意识形态和深刻的历史文化内涵。在欧洲，建筑被称为“石头史书”，“人们惯于把建筑称作世界的编年史；当歌曲和传说都已沉寂，已无任何东西能使人们回想一去不返的古代民族时，只有建筑还在说话。在‘石书’的篇页上记载着人类历史的时代”①。在观赏建筑艺术时，我们除了欣赏其外在的造型美，还会发现其内在的思想意蕴和文化内涵，从而认识时代、社会和历史，并通览人类的文化史和文明史。

一部建筑史就是一部文化渐进与演化的历史，建筑是凝固的音乐，它积淀着人类的文明。文化通过建筑形象传达其本真意义，如教堂建筑反映了宗教文化在当时社会的地位（图 1.2）。建筑是时代精神和审美风尚的展现，

① 鲍列夫. 美学［M］. 乔修业，译. 北京：中国文联出版社，1986：415.

图 1.2　法国巴黎圣母院

也是一个时代文化艺术与政治经济的缩影。著名建筑师伊利尔·沙里宁(Eliel Saarinen)曾说,"让我看看你的城市,我就能说出这个城市的人民在文化上追求的是什么"①。作为特殊的文化征象之一,建筑是人类运用真善美的规律美化生活的重要手段。人类的审美观念既有继承性,又有变异性;既有历史性,也有时代性。每一时代都有每一时代的审美意识,而这也明显地反映在建筑之上:"它们代表社会理想;它们是政治声明;它们是文化符号。建筑无疑是我们最伟大的社会思想的物质象征,是我们以具体形式表达我们对共同立场观念下的信仰的最可靠方式。"②

回到建筑本身,我们发现从公元前 1 世纪古罗马建筑家维特鲁威开始,对建筑的讨论基本上是以建筑风格史、建筑史料为考证,以叙述性的

① 沙里宁. 城市:它的发展、衰败和未来[M]. 顾启源,译. 北京:中国建筑工业出版社,1986:302.

② 戈德伯格. 建筑无可替代[M]. 百舜,译. 济南:山东画报出版社,2012:前言 4.

描述为核心进行的。在20世纪中期之后,西方的建筑理论著作受到新史学的影响,开始转向历史综合研究,它主要从社会生活、政治生活、经济生活的影响,来解释建筑风格和类型。

1972年7月15日15点32分在美国密苏里州的圣路易斯城,一大片曾获得过美国建筑师协会奖的居民住宅区——普鲁特艾格住宅区,随着一声炮响轰然倒塌(图1.3)。这组建于现代主义盛行时期的塔楼住宅区,曾被誉为理性建筑设计战胜贫穷和社会弊病的代表作。但不合时宜的设计方式,使本来为提供安全的社区空间而建的走廊和楼梯间反而变成了犯罪活动的温床,最终导致普鲁特艾格的20年乱局。接下来的几年里,33栋塔楼通过火药爆破的方式被逐一拆除,这敲响了整个“现代主义”设计时代的警钟。自此,后现代建筑走上历史前台,并引领新的时代风尚。后现代建筑的出现并不是历史的偶然,而是后现代主义文化的诉求,从某种意义上说,后现代建筑是最早孕育后现代主义文化萌芽的领域之一。后现代建筑与后现代主义文化相生相长、相映相辉,并逐渐成为后现代主义文化最为典型的影像、符码。因此,探索后现代建筑兴起的历史境遇、建筑原则、建筑诉求以及建筑手法,对于透视后现代主义文化的深层意蕴,也就具有了学术价值和现实意义。

图1.3 拆除普鲁特艾格住宅区

## 第三节　后现代建筑与后现代文化

追根溯源,后现代建筑思想最早出现在美国建筑家罗伯特·文丘里(Robert Venturi)的著作中。在其早期著作《建筑的复杂性与矛盾性》(1966)中,文丘里对现代派的理论和教条进行了挑战和大胆否定,并提出了后现代主义的理论原则。这一著作给青年一代带来极大的影响和震动,促使建筑界对现代建筑、国际风格的全面反思与批判;它改变了现代建筑的美学原则,进而成为后现代建筑理论的里程碑。有人认为它对建筑发展的历史意义和作用可以同勒·柯布西耶的《走向新建筑》一书相提并论。《走向新建筑》是现代派对学院派建筑的抨击和否定,而《建筑的复杂性与矛盾性》则是后现代对现代建筑的扬弃和背叛。文丘里认为形式是建筑中最重要的问题,并且明确提出一系列与现代主义相反的主张。而在与他人合著的《向拉斯维加斯学习》(1972)一书中,他则进一步强调了后现代主义的戏谑成分,以及对美国流行、通俗文化的新态度。公允地说,"他的著作在一定程度上,起到了引导后来所谓的后现代主义时代的宣言书的作用"①。

紧随其后,查尔斯·詹克斯(Charles Jencks)在1975年第一次使用了"后现代"这个词,即"现在之后"。1977年,詹克斯出版了《后现代建筑语言》一书,指出"后现代有总体上的包容性",它"众多令人惊奇的定义性特征之一就是:它包含了现代主义的风格和面貌"②。同时,他还提出了后现代主义的双重译码:既是对现代主义的继续,又是对现代主义的超

---

① 克鲁夫特.建筑理论史:从维特鲁威到现在[M].王贵祥,译.北京:中国建筑工业出版社,2005:332.

② 詹克斯.后现代建筑语言[M].李大夏,摘译.北京:中国建筑工业出版社,1986:81-82.

越。这部著作被称为对“现代建筑”的宣战书。詹克斯在大肆挞伐“现代建筑”的同时,系统地阐述了后现代建筑的理论和手法。该书内容十分丰富,意义清晰明确,从语言学角度出发,引用众多建筑作品和资料,阐明了后现代建筑的创作手法和特色。书中第一次搜集并评价了它初次成书前后20年间一系列后现代建筑实例,不过詹克斯所定义的后现代建筑依然只是一个初步的尝试。詹克斯此后还出版了一系列著作:《什么是后现代主义》(1986)、《后现代主义》(1992)、《今日建筑》(1993)等,逐步总结和整理出后现代主义建筑思潮和理论体系,对后现代建筑的发展起到促进作用,在西方评论界具有相当影响力。不过由于他的文学性思维和批评方式使其文章艰深难懂,加之随意创造名词术语,讨论后现代主义也是随性而至,因而詹克斯的理论地位在建筑界一直存在争议。

1982年,沃尔夫(Wolfe)的《从包豪斯到现在》出版。他以一名记者独到的观察角度和泼辣的文笔,评价现代建筑在美国将近60年间的发展状况,反映出一些公众对现代建筑的厌恶情绪。不过在对现代建筑挖苦嘲弄的同时,沃尔夫也比较客观地介绍了文丘里等人的后现代建筑和理论。著名建筑评论家戈德伯格(Goldberger)的《后现代时期的建筑设计》1985年出版,该书是戈德伯格担任《纽约时报》建筑评论员一职时,于1974年至1983年所写的文章结集。该书的文章深入浅出、言之有物、成一家之言,在公众对于后现代建筑的认识和兴趣方面起到了引导和匡正的积极作用。此外,作为美国后现代主义的奠基人之一,美国建筑家罗伯特·斯特恩(Robert Stern)从理论上把后现代主义建筑思潮加以整理、分门别类,从而逐步形成一个完整的理论体系。他所著的《现代古典主义》(1988)一书完整归纳了后现代主义建筑的理论依据,是后现代主义建筑理论的重要奠基之作。

虽然上述著作的作者身份、文化背景、写作立足点、深入层次等方面各不相同,但它们都尽可能地阐释了后现代主义产生的原因,甚至明确提出了自己的观点和主张。通过解析一些代表性的作品，他们已经树立起一座又一座后现代建筑的纪念碑。在20世纪60年代，后现代建筑的实例其实并不多见，而且也大多集中在美国；但它以舆论和理论先行的方式，提出了与现代主义相对立的主张，造成了世界性的声势。后现代主义把激情和努力放在对建筑形式的追求上，它力图改变"形式服从功能"的不近人情的束缚。总体而言，后现代建筑的主张和理论在那时并不严密完整，否定别人多、武装自己少，虽然它曾表现出蓬勃的生命力与广泛的大众基础，但尚未具备坚实的理论基础，也未做出真正杰出的理论建树。

20世纪七八十年代，美国建筑出版物的数量创造了新纪录，出席建筑报告会、讨论会的人也空前活跃。许多建筑评论师、建筑家，如詹克斯、斯特恩、格雷夫斯（Graves）到处演讲，因此后现代建筑理论逐渐深入人心。当然，一些杂志或期刊也起到了推波助澜的作用，比如《建筑实录》（*Architectural Record*）、《时代》（*Time*）、《哈泼斯》（*Happer's Magazine*）、《大西洋月刊》（*The Atlantic*）等刊登大量文章，声称一个新时代——后现代主义——已经或即将来临。其中，《时代》杂志指出，"现代主义自欧洲'侵入'美国，后来取得胜利，然而盛极而衰，终于死去。于是美国建筑师站起来了，他们开始'自行其是'。"而其他国家的杂志，如法国《今日建筑》（*Architecture D'aujourd'hui*），英国《建筑设计》（*Architectural Design*）、《建筑评论》（*Architectural Reviews*），日本《建筑与都市》（*a+u /Architecture and Urbanism*）也都相继介绍后现代建筑的发展趋势。概言之，无论是建筑界，还是文化理论界，对"后现代"的探索已经进入到相对成熟阶段，而多学科的交叉与融合更是促进其迅猛发展。

在世界性文化语境趋同的影响之下，全球化已深刻影响到世界的各个角落以及人的思想精神。在当代，由于交通、通信及数字媒体技术的不断发展，国家与地区之间的联系和影响更为密切。进入21世纪，西方后现代建筑引起我们更加广泛的关注。

作为当代西方具有重大影响的思想运动,后现代主义既是一种文化思潮,也是一种思维方式。后现代主义崛起于20世纪60年代的欧洲大陆(主要是法国),70年代末80年代初风行西方,80年代末90年代初影响并波及第三世界。作为哲学术语,这一概念最先出现在法国思想家让-弗朗索瓦·利奥塔(Jean-François Lyotard)的《后现代状态》(1979)一书中。借用维特根斯坦的"语言游戏"概念,利奥塔认为不同人群以不同的方式使用同一种语言,导致他们拥有不同的世界观。由此,单一、核心的世界观——占主导地位的叙事,即所谓"元叙事"——消失了。没有什么单一叙事,没有占优势地位的立场,也没有凌驾于其他体系或理论之上的系统和理论。所有的叙事共同存在,没有哪一个占主导地位——这种小叙事和多元叙事便是后现代主义的本质。费耶阿本德(Feyerabend)20世纪70年代出版的《反对方法》一书提出了"怎么都行"的方法论原则,以此反对传统科学哲学加之于科学和人类一切其他认识活动之上的种种理性限制。在他看来,"怎么都行"不仅是为科学的历史发展所确证的原则,而且也是鼓励未来知识进步的有效原则。因为解决问题,不管是科学的,还是非科学的,都需要完全的自由。

丹尼尔·贝尔(Daniel Bell)1973年出版了《后工业社会的来临:对社会预测的一项探索》一书,它是一部研究科技发展如何影响社会结构变化的社会学著作,也是一部试图以现代技术为手段预测社会发展方向的未来学著作,在西方社会学界和未来研究领域产生较大影响。如利奥塔所言,后现代早于现代,或者说后现代内嵌于现代性内部。贝尔所谓"后工业社会"其所指其实就是"现代之后",亦即后现代主义社会。因之,后现代主义是源起于现代主义内部的一种逆动,是对现代主义决绝反叛。哈桑(Hassan)在《后现代转向》一书中,从哲学、思想、方法、设计语言等方面对现代主义、后现代主义二者进行比较,从而说明后现代主义本质是一种知性上的反理性主义、道德上的犬儒主义和感性上的快乐主义,而"不确定性”是其重要特征。所有这些著作表明,后现代主义是一场高能反叛,一场锐意攻击,一种破坏策略;它也是一种思维方式,致力于剥除所有思潮的特权,否认趣味上的共识。

作为文化的重要组成部分,建筑的发展总是与其所归属的时代文化发展密切相关。要想真正理解 20 世纪 60 年代建筑美学思想的发展,首先应当理解后现代文化的变迁。建筑只是文化和艺术的一个分支,然而在 20 世纪全球化浪潮中,它竟然取得了主导地位,可见其传播速度如此之快、如此之广。

## 本章小结

显而易见,后现代建筑是一种仍在进行的艺术思潮。那么,为什么要将现代主义之后的建筑,即 20 世纪 60 年代末至 21 世纪初这一段时间内的建筑,纳入独立考察的学术视野?这一时期建筑思潮的表现形态、实质、发展与嬗变的轨迹及其运动规律有哪些特点?其学术价值和文化意义都有哪些?这些问题是本书最初也是最终的写作目的,它们将在后面的具体论述过程中得到富有探索性的思考与阐释。

如果说开始于 20 世纪 20 年代的那场世界范围内的建筑革命极大地触动和改变了传统的建筑观念,也几乎彻底改变了全世界建筑的面貌,因而具有跨时代意义的话,那么,20 世纪 60 年代之后形成的建筑思潮多元化格局,以及由此引发的一系列问题,如价值取向、审美意识、时空观念、文化模式、传统与创新等,就显得极为复杂和令人费解,因而需要我们从更深的层次、更新的角度与后现代建筑进行对话交流。“现代性与后现代性是一个问题域中难以割舍的两个方面。……后现代性是现代性诸种危机的病理诊断与解构批判,是现代性断裂和终结的产物。因而,离开对现代性的批判,就无法理解后现代的颠覆批判精神。”①因此,本书的研究目标是在分析后现代建筑艺术特征的基础上,把后现代建筑与现代建筑进行比较研究,采取总分总的论述方法,进而厘清后现代建筑产生的逻辑性和历史必然性,最后把后现代建筑艺术放在整个文化情境之中做文化的阐释。

① 宋伟. 后理论时代的来临[M]. 北京:文化艺术出版社,2011:1.

# 第二章 后现代建筑产生的历史语境

在梳理后现代主义概念的发展史时，卡林内斯库（Calinescu）指出：“后现代主义最早获得比较直观可信而且有影响力的定义，与文学和哲学并不相关……正是建筑把后现代定义的问题拽出云层，带到地上，使之进入了可见的领域。”①事实上，“后现代”在西方首先发生在实践领域，而后才出现相应的概念和理论。它们在交互作用中发展并演化，而社会的政治、经济、科学、文化、艺术各个层面都不同程度地印证了这一点。从建筑角度看，哲学与文化经常使用建筑的概念和隐喻，并持续将自我反思与建筑思想联系在一起。准确地说，大多数后现代理论都曾讨论过建筑问题，并且认为它定义性地将后现代主义与现代主义分离开来。

## 第一节 后现代主义文化的来临

20 世纪是一个多变的世纪，科学技术的不断发展使得整个社会处于巨大的历史变革之中。同时，计算机的发明与使用也带来了生产方式和消费模式的转变。美国在 1956 年第一次出现了白领工人数量超过蓝领工人的现象。这说明，随着科学技术的发展，工人的主要工作不再是生产产品，而是从事技术管理和处理信息。由此，社会类型也由制造和生产物质产品社会开始转向服务或非物质产品社会。

---

① 卡林内斯库. 现代性的五副面孔[M]. 顾爱彬，李瑞华，译. 北京：商务印书馆，2002：301.

## 一、何谓后现代

所谓“后现代”，丹尼尔·贝尔称之为“后工业社会”的来临，并且指出后工业社会增加了一个新的维度。他认为，数据和信息处理已成为复杂社会的必要工具，科技人员将取代企业主而在社会中居主导地位；技术的发展是社会决策的重要依据，并决定未来的发展方向。此外，在全球化进程中也出现了深刻的文化碎裂、时空经验的改变以及经验、主体和文化的新样态。换言之，同后工业社会相适应的文化思潮就是“后现代主义”（Post-Modernism）。它是随现代主义的衰落而迅速崛起的，同时也是对前者的批判与超越。从一定意义上讲，后现代社会是后现代主义产生的现实土壤，而后现代主义是后工业社会的文化表征。

表面上看，后现代只是一个时间界限；但整体来说，它却蕴藏着一场深刻的文化变革运动。后现代主义客观上并不等于现代性文化思潮，它孕育于现代性内部，它是对现代主义的承续、批判和超越。由于对哲学、文化、社会学、经济学等进行了检视与重审，因而后现代主义自身呈现出情况复杂、流派众多的多元化趋势。事实上，后现代意味着一种后西方、非理性主义文化，一种具有强烈分离感、没有明确目的性的离散文化。由于其含义复杂含混，迄今为止其实并未形成一个被普遍认可的定义。特里·伊格尔顿（Terry Eagleton）认为后现代主义是一种文化风格，它以“一种无深度的、无中心的、无根据的、自我反思的、游戏的、模拟的、折中主义的、多元主义的艺术反映这个时代性变化的某些方面”①。这一看法说明，对后现代、后现代文化及后现代艺术做概念性总结是十分困难的，因而本书也无意此名实之争。

尽管“后现代”是一个外来词，但这并不妨碍“后现代”之名下文化语境的相关性及真实性。人们可以拒绝接受此类词语，却无法拒绝全球经

---

① 伊格尔顿. 后现代主义的幻象[M]. 华明，译. 北京：商务印书馆，2000：128.

济一体化与世界文化多元化的互动关系。因此之故，这种以“后”为特征的概念，诸如后现代主义、后结构主义、后殖民主义等自然也就成为我们不得不正视的理论依存。当然，任何时期文化和美学的变革总是以某一具体领域的变革为先导的。20世纪初，在现代主义最为依赖的自身媒介——科学、数学与自然科学中产生了基础性生存危机。举例来说，爱因斯坦的相对论、哥德尔的不完全性定理使人们逐渐认识到现实并不能通过总体性的主张去理解，而是应以多元模式和特定情境加以讨论。故而在后现代主义者眼中，现实不是同质的，而是异质的；不是和谐的，而是戏剧性的；不是统一的，而是各具形态的。后现代主义就是这种对现代规划及总体性的激进批判，进而也是对自身自由与解放的想望。哈贝马斯(Habermas)指出，现代性是一项未完成的工程，其实后现代性更是如此——它是对科学与艺术加以修正的必然结果。

20世纪60年代以来，在享受现代文明和资讯社会之便利的同时，人们慢慢发现个体生活和主体心灵重新陷入不自由之中。个体生存与生活方式都受到资本主义生产模式的严重干扰，并被强行纳入一种僵死的社会规范。在这一时期，人们比任何时候都更加深切地感到自由意识和个体价值的溃败：尊严消失，价值失落，人性异化；人际关系陌生化；怀疑、失望、焦虑、愤懑成为肆意弥漫的时代症候。“现代主义在走向它的统治末期时被视为简约而自我克制。它的纯粹性开始显得极端拘谨。它的专用术语——简言之，形式主义——不仅暗示了现代主义发明创新的逻辑结构，而且意味着对它僵化地继承既定形式的责难。……(现代主义艺术)像现代科学一样的专业化。另外，它对结构而非本质的强调是我们早已目睹的。现代主义像科学一样，开始显得教条而专横。”①这是现代性自设的困局，也是其无法逃避的必然结局。在此之下，人被抛入一个非真实的异化世界，一个不再神圣和躲避崇高的后现代世界。伴随全球化趋势

---

① 莱文.超越现代主义[M].常宁生，辛丽，仲伟合，等译.南京：江苏美术出版社，1995：6.

的愈演愈烈，以及大众文化、流行文化的大行其道，文化越发显示出复制性与快餐性，曾经的审美性与独创性已渐趋消亡。

现代性终结的重要原因在于审美情境的丧失，这是席勒、尼采与海德格尔所做的时代诊断。审美现代性的构建既是时代需求使然，也是后现代成长的必由之路。“现代无能为力去创造一种新的情境，这是和它的反历史主义、反人道主义的特征相关联的。纯粹的科技文化和纯粹的功能主义的建筑，不能依据天、地、人、神的四重性将人的同根性纳入丰富的历史与居留中，因为技术与科学不能创造任何有机的生命联系。过去、现在与未来的整体性无法被构造或说明，它只能意象与叙述。天衣无缝的历史、没有间隙的情境脉络，只有作为叙事才可能。……现代的经验是丧失文化情境的体验，后现代的努力在于，将这种失去的纽带重新联结起来。”①因之，后现代社会是一个批判性社会，也是一个创造性社会。在不断变化的社会和自然环境中，对现代性中的发现个体、重建自我、寻觅自由进行深刻的反思。后现代主义把文化精神性的叙事及其内涵，把符号、艺术、哲学的共同性视为社会的共同性。后现代社会是克服现代社会文化破损与分离的时代，也是不同文化领域彼此贯通、相互渗透的时代。

现代性在发展的过程中不断显示出种种局限性，从而引发所谓合法化危机。在现实的政治、经济、文化诸多方面，现代性逻辑都遭到了拷问。由于现代性始终坚持宏大叙事、坚持历史是进步的观念、坚持理性主宰一切的立场，因而自文艺复兴以来逐渐复苏的感性和主体精神陷入了生存危机。正因如此，20 世纪 50 年代后期在西方出现了一股不同于现代主义的新潮流。60 年代前后，现代主义伟大的作品逐渐失去激动人心的力量——它被规范化和体制化，从而丧失了革命性。就这样，作为现代之“后”的激进的后现代主义出现了。德里达、福柯、利奥塔等人以哲学作为武器，继承现代主义最初的反叛性和颠覆性，对现代主义文化进行了重

---

① 科斯洛夫斯基. 后现代文化[M]. 毛怡红，译. 北京：中央编译出版社，1999：149-150.

审、批评和解构。

如所周知，伴随20世纪80年代后消费时代的来临，新的文化观念不断涌现。此时，注重文化消费和符号消费的“新人类”出现了，而促销、广告、媒介等消费文化也纷至沓来。同时，经典艺术作品黯然失色，消费性资本主义确立，资本的逻辑大行其道——欲望、娱乐、躯体、性别、组群等是这一时期文化的主要关注点。在这一时期，利奥塔、哈贝马斯探讨现代性是否终结，争论的焦点在于“理性”问题。法兰克福学派理性批判的传统使理性逐渐丧失优位，不过现代性依然强势，理性主义仍不可或缺。哈贝马斯认为现代性是未完成的事业，而交往理性是其理论基础；利奥塔则认为现代性把理性归结为理性哲学，演变为工具理性。这两种思想既是对现代性的反驳，也是对后现代的召唤。由于后现代性对元叙事持否定态度，因而宏大叙事陷入了合法性的危机。就这样，“后”学兴起，“后现代”风靡全球，并且逐渐成为一门显学。

艺术中的“后现代”观念最早出现在建筑领域，因此建筑在后现代文化中可以说起到了先行者的作用。比如，“后现代建筑的思想（也有用其他一些称谓，如后功能主义、象征性、人类学的，等等）以一个不相同的方式出现在菲利普·约翰逊（Philip Johnson）、查尔斯·摩尔（Charles Moore）和文丘里的著作中”①。建筑界以及建筑评论界一致认为，为后现代建筑命名的人是詹克斯。1975年，他第一次使用了“后现代”一词，并以其出色的研究奠定了后现代建筑理论发言人的地位。詹克斯对后现代建筑进行脉络梳理、拼贴标签，从而有效地推广了后现代建筑艺术。

## 二、后现代主义文化的诉求

后现代社会是一个伟大分离的时代、解除管制的时代，它形成了局部有序、整体散乱的局面。在后现代社会里，诸多事态都发生了不可遏止的

---

① 克鲁夫特. 建筑理论史：从维特鲁威到现在[M]. 王贵祥，译. 北京：中国建筑工业出版社，2005：333.

逆转，人们开始生活于类似“拟像”的景观世界中。现代社会以真实的物质环境为基础，而后现代社会由于计算机、电信、多媒体等视像文化的崛起逐渐由原来大工业化转向信息竞争。现代社会奉行“科学技术是第一生产力”，因而理性与科学技术成为主导；而在后现代社会理性受到质疑，科技至高无上的地位开始动摇。在工作组织方面，现代社会以福特制流水线大规模的生产方式为主导，后现代社会中小型企业转包制盛行，弹性及时生产、灵活分工不断出现，计算机控制技术中心化消解，随着消费网络的发展，由以生产为主转向以消费为主。体现在人与人之间的关系上，现代社会国家占中心地位，科层制是社会网络的有机组成部分；而在后现代社会中，部门立法代替国家立法，市场化原则成为主导。同时，国家通过文化进行治理，人民拥有更多自由；而阶级划分日益模糊，大众与精英界限消弭。总之，“后现代主义”是一个内涵模糊但特征鲜明的概念。

### （一）解构逻各斯

逻各斯是一个复杂概念，它在希腊语中表示理性、逻辑、规定等意义。以逻各斯为代表，理性主宰一切。从某种程度上说，柏拉图的理念、亚里士多德的实体、培根的新工具、笛卡尔的本体论、黑格尔的绝对精神都是逻各斯的体现。

19 世纪以来，西方哲学界开始抨击逻各斯，反对形而上学。首先是尼采，他号召重估一切价值，张扬感性与酒神精神。紧随其后，胡塞尔朝向事物本身，向往事物原初样态。他用现象学“直观”的方法，将追问世界本源的逻各斯悬而不论，从而表现其决绝的反叛态度。弗洛伊德用非理性颠覆理性，用无意识取代意识的强权，他在一定程度上推翻了逻各斯赖以存在的基底。海德格尔区分了存在与此在、思与诗，他用原始的诗的语言追求存在的意义。这些理论试图悬置本源，直面事物本身，希望回到本真性世界。虽然坚决反对传统形而上学的思维方式，不过他们并未走出形而上学的泥淖。

德里达改变了这一状况，其解构主义思想消除了主客二元论之窠臼，也瓦解了逻各斯中心主义。在总结前人经验的基础上，德里达从语言打开缺口，开始了解构的历程。按照德里达的逻辑，逻各斯中心主义即“在场”形而上学。德里达对设定言语高于书写的“言语中心主义”加以解构，就是对以二元对立为基础的逻各斯中心主义的批判。他认为，西方形而上学大厦的倾覆是不可避免的，逻各斯中心主义必将终结。因此，德里达从根源上挖掘传统形而上学的不合法性，彻底消解逻各斯本身的“非存在”性、虚伪性和欺骗性，从而彻底颠覆形而上学。重点在于，这种解构思想逐渐成为后现代社会的主导性精神。

### （二）中心的消解

公元前5世纪，古希腊智者普罗泰戈拉曾说“人是万物的尺度”，这一思想被西方哲学继承下来。度过漫长而黑暗的中世纪，文艺复兴重新发现人的自由精神和主动性。在“光明世纪”，启蒙思想把人确立为一个个独立的“主体”，康德的主体性哲学则使这一理论达到顶峰。人是世界的主人，人能够认识、控制和改造世界，这不仅带来了人道主义，也发展了主体性哲学。在一定程度上，笛卡尔之后的西方现代哲学都是主体性哲学。

然而到了20世纪60年代，“人之死”成为一个喧嚣的话题。受尼采的启发，福柯以“人的死亡”来反对传统的主体哲学。他认为，人被分裂为两部分——他健康清醒地服从社会习俗，最终变成没有人本质的“非人”。人的主体性是被抽象出来的，不能代表所有的主体，而人的主体性是不断发展变化的，它是在社会历史中被建构出来的。西方哲学通过主体哲学把人变成抽象、普遍的概念，最终弃绝了个体及其自由；然而在当代，抽象的主体死亡了，取而代之的是活生生的“人”。进入后现代，主体声名狼藉，主体范式破产。在后现代社会，没有什么东西可以作为令人满意的指导原则。后现代解构了以“我”为主体的主客二元模式，进而摆脱了中心控制论。同时，它从科学本源上确定了世界的不确定性。就这样，封闭的中心论被消解，新的主体突破并超越了界限，而多元思维得以建立。

本质而言,后现代主义强调多元化、碎片化、去分化和去中心化。后现代的冲动强力消除了形象与现实、道德标准与美学标准、高雅与通俗艺术的差别,它使人从玄思冥想转向具体的生活状态,而游戏、反讽与戏仿最终成为后现代最好的表达方式。后现代文化是建立在高度发达的经济生活与信息社会基础之上的,以高度商品化为标志,以大众休闲为消费条件,以满足大众消费欲望来谋利的一种新兴文化。后现代文化与西方前工业化时期的传统文化、现代工业化时期的现代主义文化都有所区别:它以逆向思维分析方法批判、否定现代主义,具有超越现代主流文化的理论基础、思维方式、价值取向,是当代社会经济、政治观念的反映,从侧面折射出当代诸多矛盾与冲突。

## 第二节　现代主义建筑的危机和困境

现代主义运动的起源可以追溯到19世纪。在那时,它第一次尝试了从枯燥强硬的传统主义中寻找一种供以慰藉的清晰和简单:英国的艺术与手工艺运动、维也纳的分离派运动、法国的新艺术运动以及赖特(Wright)等人的美国草原风光都是现代主义的开端。

### 一、建筑的现代性历程

在19世纪末20世纪初的欧洲,工业革命带来的工业化生产方式已经取代了传统的手工业生产。虽然许多人意识到了机器产品同样具有审美价值,但是大工业生产技术和生产方式与艺术设计之间的矛盾始终没有得到很好的解决。面对种种实际问题,许多艺术家和理论家进行了多方面的探索性艺术运动,但实际上都没有摆脱19世纪中期约翰·拉斯金(John Ruskin)和威廉·莫里斯(William Morris)等人否定机器生产的观点,更谈不上将艺术与工业有机地结合起来。

现实的巨大压力迫使人们重新去思考和寻找一种全新的艺术语言及

表达体系,以此来真正表现出现代社会的律动与精神,并合乎现代生产技术和生产方式,进而为现代社会服务。事实上,现代性和现代主义就是在这种大的社会背景下产生的。一经产生,就表现出了巨大的社会威力,“现代主义作为一场文化运动,统治了所有的艺术”①。印象派、象征主义、超现实主义、意识流小说、荒诞派戏剧、实验电影、包豪斯和国际主义风格的建筑的梦幻艺术流派和美学倾向都可以用“现代主义”这一术语来统称。

工业革命使得社会生活、技术条件、社会生产条件都出现了大的变革,现代主义建筑也随之产生。工业革命后对建筑的数量、类型、结构等都有了新的要求,即现代社会需要建造大量的工厂、仓库、办公楼、商业服务等建筑,工业革命之前的那些占主导地位的传统建筑显然不符合这一时代的要求。另外,随着人们纷纷迁到城市生活和工作,城市人口迅速膨胀,住房日益拥挤。于是,城市规划与房屋建造就显得十分迫切,而这也对城市和建筑提出新的功能要求。现代城市必须满足其人口居住的基本要求,才能保持社会体制的平稳运行。为提高建造的效率,在人口密集的大城市里,只有降低对个体工人的技术要求,运用预制件大批量地建造适用于任何场地条件的房屋,才有可能达到市场所要求的产量规模。可以说无论是建筑的功能,还是规模的需求都促使了现代主义建筑的产生。

当然,还有一点是不容忽视的:工业革命之后出现的新材料以及结构科学的发展,恰好为现代建筑的产生提供了必不可少的物质基础和科学依据。诸多因素交织在一起,对现代主义建筑的产生、发展起到了巨大的推进作用。钢铁质量的飞跃、玻璃强度的提高、钢筋混凝土的推广,建筑像长上了两只翅膀,产生了质的飞跃。工业与技术的结合使建筑结构与空间都发生了变化,标准化设计的理念被引入建筑中来,建筑可以像其他工业产品一样批量化生产,适应了低造价的大规模住宅建设的要求。

---

① 贝尔.资本主义文化矛盾[M].严蓓雯,译.南京:江苏人民出版社,2007:5.

除了经济与技术因素外,艺术思想与意识形态也对建筑产生了影响。比如,风格派强调艺术的抽象和简化,以数学的结构形式与以往的艺术决裂;构成派对传统的摒弃和技术的热情展现出了简洁宏大的空间构成(图 2.1)。现代建筑以简洁的外形、宽敞的内部空间毅然决然地同传统建筑相分离。

图 2.1　弗拉基米尔·塔特林第三国际纪念塔

建筑是时代的镜子,它体现时代之新异。作为工业与美学的融合,建立于 1919 年的德国"国立包豪斯学院"(Das Staatliche Bauhaus)促进了建筑理论和实践的蓬勃发展。沃尔特·格罗皮乌斯(Walter Gropius)设计的包豪斯校舍(图 2.2)具有鲜明的民主主义色彩和社会主义特征,校舍将功能作为建筑设计的根本出发点,有多条轴线和多个入口,摆脱了古典建筑对称构图,体现了功能分区的理念。包豪斯校舍把任何附加的装饰

图 2.2 包豪斯校舍

都排除在外,平屋顶、白色抹灰外墙、大面积的玻璃窗朴素简洁,都体现了新的时代要求。从那时起,建筑开始倾向于表达“新”的东西,使用新材料和新结构,解决建筑功能和经济效益的问题,适应工业化时代的需要,建筑要为大众服务,要提供人人都住得起的廉价的房屋。在希特勒上台之后,包豪斯被迫解散,大部分师生去了美国。美国先进的工业技术使包豪斯建筑思想如虎添翼,于是美国成为现代建筑的主要集聚地。

20 世纪 40 年代以来,现代主义建筑衍生出许多流派,金属框架、混凝土结构、玻璃幕墙是其主要特征。在那里,无论是轮廓,还是外立面都是整齐的几何图形,都传达出工业时代的符号。

在 20 世纪初,建筑就与关于现代主义和现代性的争论密切相关。这一时期建筑领域最重要的贡献就是适应现代世界的新语汇的出现,这种新语汇同新的技术及新的生活方式有关。新建筑运动的主要代表人物有:德国的格罗皮乌斯(1883—1969)、路德维希·密斯·凡·德·罗(Ludwig Mies Van der Rohe,1886—1969),法国的勒·柯布西耶(1887—1965),美国的弗兰克·劳埃德·赖特(1867—1959),以及芬兰的阿尔瓦·阿尔托(Alvar Aalto,1898—1976)。

现代建筑革新运动的新方面主要存在于简化和集中的形式之中。线条、空间和形状被缩减到极简的程度,每一建筑物的自主功能都得以直接呈现。长期以来,建筑被装饰与象征的浮华所干扰,最终偏离了自己的使命;现在,它以纯粹而简约的方式向世人显示自己本来的面目。在这里,使用功能作为建筑的本质之一,而美只是附带的辅助作用。在建筑学领域,现代革新运动表达了对理性的新信念,而这一运动与过去的决裂被视为对建筑个性的一种恢复。从风格上讲,现代建筑在各个层面表达了追求同一性和本质性的趣味。现代建筑的倡导者们反复强调建筑的统一性,它是内在原则的有机表现,而不是强加的外在形式。这种对建筑统一性的强烈追求并不排除对统一性观念的某些有趣变更。

密斯·凡·德·罗认为,建筑是时代精神最有力的表现;而在彻底保持自我方面,建筑就是现代性的本质。事实上,建筑是艺术、科学和工业统一性的完美体现。不过在关于净化建筑实践的划时代论述中,存在一种奇特的矛盾。现代建筑师虽然致力于一种纯粹和本质的美学,但却试图探讨建筑学与现代世界和其他艺术之间的关系。如此一来,其表现方式使其本质主义论点所具有的严格性大打折扣。在现代建筑美学中,潜在的矛盾之一就是建筑内在的根本规律使其与绘画和文学的美学既有联系又有差异。现代主义的兴起是与工业和技术的飞速发展相伴随的,建筑揭示自我指称的本质力量比其他领域更为强大。与其他艺术相比,建筑在物质和意识形态上与公众及经济领域的结合更加密切,所以它能够以更为统一的方式坚持自己的目标。正因如此,现代建筑成为“时尚”和“新潮流”的主要标志。

## 二、国际风格的终结

20 世纪 50 年代初,现代建筑思潮达到鼎盛时期,大量建筑从实用角度出发,倾向于使用简单整齐、光墙大窗的方盒子外形,这种建筑在世界各地广为流行,因而被称为“国际风格”建筑。国际风格是 20 世纪建筑探索的第一个高潮,由于材料和技术等原因,各国的建筑形式有可能走向某种表现语言上的统一。国际风格建筑的出现在历史上无疑起到了一定的进步作用,它以简朴、经济、实惠等特点满足了较短时间内大规模房屋建设的需要。它注重实用功能、方便舒适,顺应了工业化生产,符合那个时代的精神;而明朗抽象的构图则给人以新颖的艺术感受,体现了新的艺术观。

但经过长期沿用和各地相互转抄,国际风格演变为千篇一律的教条主义,致使各地建筑大同小异,过分强调纯净、否定装饰,甚至到了极端的地步。这种风格的建筑屈从于机器与工业的羁绊,变成了冰冷的居住机器,脱离了人的精神要求,忽视了审美价值,使人感到枯燥单调。现代主义建筑具有理想主义和幻想色彩,它虽然强调为全体大众服务,但却强调精英领导的新精英主义的运动。建筑将何去何从,引起了人们的深思,而部分建筑师逐渐开始探索新的方向。

第一代现代建筑大师勒·柯布西耶既是功能主义的倡导者,又是突破教条主义的先行者,他建造的朗香教堂(图 2.3)冲破了“方盒子”的金科玉律,以雕塑形式处理建筑造型,取得了异乎寻常的效果,轰动了西方建筑界。此后,不少建筑师在改变国际风格的形式方面都做出了很大努力,并取得了显著效果。

图 2.3　朗香教堂

或许,现代建筑并不比绘画、音乐或诗歌的当代处境更艰难,但其不受欢迎的程度似乎更加明显。毕竟作为一门公共艺术,建筑更需要公众情感及大量资金的支持。20 世纪 60 年代，新建筑运动的几位大师相继去世，针对国际风格和现代主义的垄断局面，部分建筑师提出采用历史风格、通俗文化的“后现代主义”折中方案来改变自身缺乏装饰与人情味的一致性。破除理性至上的几何霸权，打破总体压迫性的纯净美学，这是后现代建筑必然面临的问题，而这也是其目标和归宿。现代建筑的高度功能主义、高度次序化，采用新材料和新工艺，适应了现代化工业生产，也迎合了大众审美的诉求。诚然，这无疑给建筑的发展注入了强大生命力，然而任何事物都有正反两个方面。现代建筑的普及使地域和民族文化受到了侵蚀，许多带有浓郁地方色彩的建筑在现代文明的冲击下日益消散；这种对环境和地域文化的漠视，使世界建筑风格和样式日益趋同。伴随现代建筑的肆意扩张，天空已被钢筋水泥的森林割裂，往昔田园诗般的生活已被囚禁在玻璃和钢铁的牢笼之中。

## 第三节　后现代建筑的兴起

在建筑领域，后现代概念最早出现在 20 世纪 60 年代的纽约，它用来表示对“枯竭的”、在博物馆和学院中被制度化而遭人拒斥的高级现代主义的超越。在 20 世纪七八十年代，用后现代理论来解释和判断艺术转向对范围更广的现代性的讨论。至此之后，“后现代主义”的使用，在建筑、视觉与表演艺术及音乐当中也更为广泛了，这个词也因而迅速在欧洲与美国之间传递使用①。当现代精神在科学中被破除，进而影响到其他艺术门类的时候，后现代主义艺术的风格特征开始显现。事实上，它在其他艺术形式中早已显露端倪，开始追求个性的多元化，以及缠绕的异质性。1978 年，美国建筑评论家约翰逊（Johnson）指出：“整个世界的思想意识都

---

①　费瑟斯通. 消费文化与后现代主义[M]. 刘精明，译. 南京：译林出版社，2000：26-27.

发生了微妙的变化,我们落在最后面,建筑师向来都是赶最末一节车厢。"①但是,从现代向后现代的转变中,任何领域都没有像建筑领域这般轰轰烈烈。这是现代建筑滞后的必然结果,也是新信息技术、新材料技术使用的必然结果。

其实,建筑是文化的终极体现,它也比其他文化标志更具表现力。詹姆逊(Jameson)指出:"勒·柯布西耶和赖特的新建筑,并没有改变这个世界,也没有美化后期资本主义所制造出来的垃圾空间。"②这就意味着,现代建筑的理想破灭了,而后现代建筑以怀疑和批评的态度、以标新立异的姿态出场了。后现代建筑对现代建筑理论进行猛烈攻击,它否定僵化教条的国际风格,动摇了"功能至上"的金科玉律。后现代建筑的出现使现代主义者意识到自己的根本失败。不过,后现代主义建筑却是一个奇异而又类似的东西。它既有对西方传统建筑的索隐重现,又有对现代建筑的呆板严肃的反对,即它既创造又模仿。建筑是一个强有力的图标,它比其他艺术更能代表共同体验,也更能产生共鸣。建筑还是一种接近经济的、接近多国化消费者的实践活动,所以在公众的意识中,建筑成为展示后现代性的舞台。

现代主义丧失文化情境的尴尬状况非常清楚地表现在最大众化的艺术——建筑之中,它逐渐成为非文化、非艺术、无个性的代名词。整体上说,大胆、狂放的反叛精神对西方后现代建筑的影响是巨大的。文丘里在《建筑的复杂性与矛盾性》一书中同现代主义建筑坚决抗争的态度,无疑与整个时代的反叛精神有着内在的关联。此外,后现代建筑中的不和谐、求异构的创造思维模式,也同当时的时代风尚密切相关。在后现代转向中,建筑以其激进的姿态成为代言人,进而引领时代和思想的风尚。那么,是什么激发和推进了后现代建筑的兴起呢?我们认为,历史传统、社

① 吴焕加. 外国现代建筑二十讲[M]. 北京:生活·读书·新知三联书店,2007:282.

② 利奥塔. 后现代状况[M]. 岛子,译. 长沙:湖南美术出版社,1996:序言,19.

会风尚和自我诉求是主要原因。

## 一、历史传统

古希腊建筑是西方建筑的源头。这类建筑多采用柱式作为基本法则，并与雕刻有机结合在一起，体现出和谐的比例、严谨的规制、广泛的适用性，具有史诗般的艺术价值(图2.4)。与之不同，古罗马建筑形制丰富，结构技术高超，体积庞大，雄劲壮观；中世纪建筑的代表哥特式教堂则把结构同形式艺术结合在一起，框架裸露，色彩明丽，体态空灵。文艺复兴时期西方古典建筑取得了辉煌的成就，这一时期的建筑以人本主义为基础，形制强调集中式构图，突出象征独创精神的穹顶，讲究均衡严谨，注重体积感和整体效果，建筑群体处理统一多变，空间转化丰富。在此之后，又相继出现了充满矛盾但富丽堂皇的巴洛克风格建筑，纤巧琐碎、娇柔妩媚的洛可可风格建筑，以及强调规则与理性美的古典主义、折中主义风格建筑。总之，“装饰性”是古典建筑一个显著的特征。

图2.4　帕特农神庙

20世纪之后，现代建筑却反对装饰、强调简约，主张摆脱传统建筑形式的束缚，要求“形式追随功能”，具有鲜明的理性主义和实用主义色彩。这类建筑成熟于20世纪20年代，在五六十年代风行世界。复古主义和折中主义的历史远比现代主义长得多，虽然这些保守思想日渐失去往昔的优势，但它们并没有完全消失。只是在相当长的时间内，人们过于关注新兴的现代主义而忽视了它们。比如，现代主义的代表——包豪斯——

从建立之初就遭到了德国保守势力的攻击，不得不几易校址。20 世纪 20 年代德国右派政治势力抬头，包豪斯的处境日益艰难。1933 年，包豪斯解散，大批师生离开德国去了美国。

在美国建筑界，复古思想相当顽固，并一直占有一席之地。因此，美国长期流行的是仿古或半仿古建筑。芝加哥在 1871 年发生特大火灾，城中三分之二的建筑化为灰烬。在重建时，面对市中心因商业需求造成的地皮紧缺问题，现代城市钢铁构造高层建筑诞生的同时，也出现了一个主要从事高层商业建筑的群体——芝加哥学派。为了争速度、抢时效，学院派的建筑观念被搁置和淡化，这些建筑师设计的建筑立面大大净化与简化。芝加哥学派是特定历史时期的产物，然而富于创新精神的这一学派在当时并没有产生太大影响，不久，在强大保守势力面前逐渐消散，最终仅仅成为一个地区性插曲。

20 世纪前 40 年的美国建筑师们避开了现代主义，自由地在古典主义、乔治王时代艺术风格、都铎式、意大利文艺复兴风格和哥特风格间来回转换。这些折中主义建筑师表达着对传统建筑的热爱，他们不受任何立场的限制，充分采用多种表现形式。这一时期，美国建筑界盛行的一直是商业折中主义思想。20 世纪 30 年代兴建的纽约帝国大厦、克莱斯勒大厦、洛克菲勒中心，即使是受到经济大萧条的冲击，节约成本、减少装饰、简化形象，但为了让人们接受，仍然保留有砖石承重墙的外貌，其实这时期的建筑重量已经由钢筋水泥来分担了。

赖特是 20 世纪上半叶美国最著名的建筑家，他的理论与实践值得人们赞颂和欣赏。但在 20 世纪初的美国建筑界，赖特却是一位局外人，在欧洲他的影响力远远超过了在美国本土，这种状况一直持续到 1910 年左右。随后，赖特倡导的“有机建筑”(Organic Architecture)理论逐渐被人们重视起来。所谓“有机建筑”，即整体与细部、形式与功能的有机结合，主张建筑与环境的调和，看重人和环境的融合。赖特认为建筑应当依从于周围的自然环境，就像植物从环境中自然生长出来一样。他设计的建筑注重意境的创造，富有浪漫主义情调，所以又被称为“自然的建筑”。位于美国宾夕法尼亚州米尔润市的流水别墅(Fallingwater,图 2.5)就是赖特在 1936 年设计完成并享誉世界的一个“有机建筑”的典范,被誉为“二十世纪世界最伟大的建筑之一”。

图 2.5　流水别墅

作为现代建筑大师,赖特被认为是美国本土建筑的创建者。他突破了把建筑当作简单密闭的六个界体的传统概念,主张空间可以内外融会贯穿。他的作品常常使用交错的区域和各种间壁划分空间,并巧妙地变化天花和地平高度,将大小、高低、开闭等空间组成一个整体。他的“开放”式建筑布局是对现代建筑机器呆板、僵化、缺乏人情味模式的批判,预示了一个新时代的到来。总之,现代主义之前诸多建筑思潮虽然在 20 世纪 20 年代有所削弱,但没有、也不可能完全消失,它们的影响长期存在,这些建筑思想正是后现代建筑的根源与基础。

## 二、社会风尚

时代与社会的转变,促使人们对自身的生活方式和生存环境进行重新审视和思考。一方面,倡导消费的社会衍生出了消费文化,促进了艺术与商业的联姻,因而人的价值观念和生活方式都发生了转变;另一方面,艺术自身也在努力寻找更多的受众和生存空间,以期在商业文化的冲击之下寻找夹缝继续生存。对于建筑艺术来说,功能主义建筑的全面普及、设计技术的成熟使建筑不存在所谓不可能,而这些都构成了后现代建筑的物质基础。

重新追溯现代主义和后现代主义的发展史,可以发现艺术"通俗化"的问题始终贯穿其间。从"达达主义"的开创到"波普艺术"的发展,再到"后现代主义"的蓄意转化,艺术中"通俗"的内涵经历了不断丰富与完善的过程,它们共同形成了大众消费文化下后现代思想的根源。"消费"是一种生活方式,指为了生产和生活需要而必须消耗物质财富的行为。"大众"是一种社会属性,具有普遍性、广泛性,包括社会所有的人。"通俗"是一种文化特征,指适合大众水平和需要的一种浅显易懂的样式。"消费"方式若以"大众"为目的,势必会"通俗";而消费文化与艺术的结合也必然显示"通俗"。因此,生产与消费观念成为后现代社会的鲜明特征。由于科学、技术、信息、制造业、自动化控制系统等方面的急剧发展,在工农业领域出现劳动力过剩,各种产品大大增加,社会进入商品消费时期。同时出现大量相关的辅助行业,如服务业、娱乐业等,而剩余劳动力必将转移到这些行业之中。消费文化充斥社会各个角落,这是后现代文化赖以存在的社会基础。

在文化领域发生巨变的年代,文化形式的变更正从根本上改变着文化自身。文化在发展一种新的、超文化的构成要素,而不再是传统的、单一的文化样式。庸俗文化是工业化生产的直接产物,但它也给整个社会风尚带来了不可低估的影响。在消费关系的运作下,后工业社会所产生的大众的、通俗的消费文化,与曾经的"为艺术而艺术"的纯艺术不断进行沟通、渗透。"新的生活方式在各个方面发展起来。"①不但大众消费品可以用通俗的方式进入艺术领域,而且许多孤傲清高的艺术家也开始投入商业化、消费化的艺术创造中来,他们参与了大众化、通俗化消费品的

---

① 哈桑.当代美国文学[M].陆凡,译.济南:山东人民出版社,1982:8.

设计与制造。消费文化正是利用工业革命所带来的技术优势，抹杀了艺术与非艺术之间的区别，抹平了自恋的艺术与大众通俗文化之间的界限。

后现代性是现代性的一个阶段，它通过断裂和差异得以继续，而不是通过同一和进化来延续。后现代主义作为现代主义的继承者，攻击性猛烈，破坏力巨大；它锐意变革，以摧枯拉朽之势猛烈攻击雄霸西方文艺界百年之久的现代主义。不仅如此，后现代主义取笑严肃、奚弄神圣、揶揄规则、瓦解深度，它的出现有着深刻的社会根源和文化根源。早在20世纪之初，以杜尚(Duchamp)为代表的达达主义就致力于艺术通俗化的变革。在历经超现实主义、波普艺术、观念艺术、偶发艺术的不懈努力之后，后现代主义破除了专制、封闭的现代主义艺术的禁锢，最终使“俗学”成为“显学”。这样，艺术与商品、物品间的界限消失了，利用大众消费文化中的通俗物品，人们重新解读了“通俗”的原义。后现代艺术家将通俗物品艺术化，以经济价值的提高来取得消费文化价值的验证。

“人人都可以成为艺术家”“所有的一切都可以成为艺术品”，这是后现代主义的宣言。然而，“后现代主义让人震惊的是，曾经深奥难解的东西如今被公开宣布是其意识形态，而曾是贵族的精神的独有财产如今变成了大众的民众财产”①。生活与艺术的混一杂糅，正是对20世纪五六十年代文化转型期以美国为中心的西方文化特征的概括。那些曾经高高在上的艺术，在约翰·凯奇(John Cage Jr.)、罗伯特·劳申伯格(Robert Rauschenberg)、安迪·沃霍尔(Andy Warhol)等后现代艺术家这里变得如此平凡、如此庸俗。艺术的情境性被置换到生活之中，生活的平凡性和庸俗化被置于艺术之中。优美和崇高不复存在，轻松的幽默和嬉笑的反讽贯穿后现代美学的始终，这是转折时期艺术所包含的特殊历史意蕴。它宣告了一种理想的终结——艺术理想和生活理想的终结，同时也宣告了一种非理想的开端——艺术开始走向无深度的非“我”之境，而生活也开

① 贝尔.资本主义文化矛盾[M].严蓓雯，译.南京：江苏人民出版社，2007：53.

始走向一种非伦理、反规范的拟像之境。

## 三、自我诉求

当众多的“玻璃方盒”泛滥过剩、使人产生视觉疲劳之时，现代主义已经回天无术，最终成为明日黄花。现代主义者的理想已然不能实现，而其形式上的变革也已穷途末路。同时，在现代主义内部也出现了分裂，即使是现代建筑运动的主将勒·柯布西耶和一些积极分子也发生了巨大变化。20世纪40年代以来，勒·柯布西耶的建筑风格转向对自由的有机形式的探索和对材料的表现。其后期的作品以粗陋大胆的浇制混凝土为特点，表现出对国际风格中明亮、玻璃方盒、钢铁等词汇厌倦的抗争。如果说这种“新野蛮主义”是对现代主义不同方式的探索，那么后现代主义则是一种冒险的尝试。它拒绝那些对正统现代主义历史的冷漠，并重新加入了许多历史建筑的风格元素，这是建筑自我认知和自我完善诉求的反映。

纽约的“十次小组”（Team 10）、文丘里以及“规划倡导派”（Advocaty Planners），他们都从杰出人物的统治、都市毁灭论、官僚主义诸多方面抨击了“正统的建筑艺术”，特别是现代主义的“国际风格”纪念碑式现代建筑。然而，毕竟建筑艺术与生产技术有密切关系，物质材料直接制约和影响建筑的设计与施工。这就决定了建筑艺术中的每一次变化都是按部就班进行的，而非横空出世的。所以，从物质材料方面来讲，现代建筑中钢筋混凝土结构的轻巧，金属、玻璃的晶莹反光，都为后现代建筑的出现铺垫了尝试性的基础。

最初的后现代建筑都是些小住宅和个别中小型公共建筑。由格雷夫斯1980年设计、1982年建成的美国波特兰大厦（图2.6）是后现代主义在官方建筑中的典范。大厦平面为正方形，采用钢筋混凝土结构，总体呈立方体，外形也是普通的墙面与玻璃窗相间的设计。从建筑形体和结构上说，它延续了普通现代建筑的风格；但大面积抹灰墙面的颜色十分显眼，绿色的基座采取退缩的阶梯形式，富于变化的中部与蓝色的顶部形成对比。此外，每个立面都有些古怪的处理。在正立面中，在网格状的背景下设置了长方形玻璃墙与一个倒梯形带横向玻璃窗的两组平面变化形式。底部长方形的玻璃墙中，由深色窗间柱组成两组竖向的细窗带，与建筑本身方正低矮的形象产生鲜明对比。在倒梯形的横向窗带与玻璃墙之间，设置了两块突出的石块作为过渡。而在侧面，顶部的倒梯形被取消，在同样的长方形玻璃墙中由四组竖向的细窗带组成，每组窗带端头都有圆形的花环图案装饰。这些细窗带既增强了整个立面的变化，又具有柱式的特点。尤其是细窗带与突出石块的结合，更是直接表现出设计者援引古典柱式的意图。大厦的外部装饰图案中，有成组的壁柱、拱心石和花环，此外还有建筑表面体块和窗带的变化。虽然社会各界对大厦褒贬不一，但它却得到了波特兰人的喜爱。大众文化在后现代建筑中发挥了作用，

图 2.6　波特兰大厦

建筑师赋予建筑的隐喻信息被观看者领悟，在建筑和人之间搭建起了交流的桥梁。

与其他艺术形式相比，建筑艺术更贴近人们的日常生活——它以一种实存的方式让人感受美，建筑不是单独的存在，它依存于房屋——实用性的屋舍是其载体。建筑和城市是人们活动的舞台，人们不用特意去美术馆、音乐厅、剧院欣赏后现代艺术，甚至也不必通过文字来感受昏昏然的后现代文学。一个人可以不关心任何艺术，但不能不关心自己的生活环境。人们从身处的地方开始，对充盈于生活中的建筑不可避免地“观看”，赞同喜欢也好，排斥拒绝也罢，人们每时每刻都在和建筑打交道。建筑受人的思想感情支配，又反作用于人，并积淀于人的心灵深处。因此，建筑比汽车、飞机等现代工具有更深厚的文化含义。后现代建筑正是以这样一种潜移默化的方式让人接受自身、感受文化、关注未来。

作为一种文化现象，建筑同人们的社会生活密切相关，而人们对于建筑的认识和理解必然直接受到各种思想和价值观念的影响。“后现代主义”不是建筑艺术中独有的现象，它的出现既非偶然也不孤立，它是建筑自身完善的反映，也是自我精神诉求的表现。如所周知，现代建筑与现代性思想紧密关联。在现代性进程中，人们发现传统时空经验已不合时宜，一种深层的文化碎裂和主体性重建开始出现。作为一门实用艺术，建筑的设计风格与客观社会环境、社会潮流，以及大众的思想追求密不可分。除了社会政治因素之外，影响建筑的要素还包括哲学与艺术理念等方面，而这一点在后现代建筑中体现得更加明显。后现代建筑理论深受现象学、语言学、新马克思主义等当代哲学思潮的影响，在某种程度上它甚至成为某一思想的代言人。同时，艺术理念的时代变更也影响了建筑的发展进程。比如，在绘画、设计这样的个体艺术劳动中，由于创作者很少受到经济条件、业主喜好等条件的制约，因而其思想更容易在作品中体现，这都对建筑风格产生了重大影响。

后现代建筑以折中主义的形式、色彩、空间和层次，一改现代建筑那种简约过度、抽象精纯的高深莫测。它顺应了战后人们物质追求富足化、精神追求多样化的时代需求。它在现代派建筑大师先后谢世、建筑界出现权威真空的形势下,提出了多元化、大众化等富有民主气息的设想。这既是现代性的延续,也是后现代自身的立场。然而,后现代建筑不像现代建筑那样形式相对单纯,其风格也很难归纳统一。后现代建筑的概念纷繁芜杂,而且从其分类上看,由于术语模糊、体系庞杂,很难找到绝对的一致性。即使是在最重要的后现代主义理论家詹克斯和斯特恩的著作中,由于他们对建筑形式、构筑和功能特征等细节把握存在差异,因而对后现代主义建筑分类也不同。

在对现代建筑的反思和批评中,后现代建筑并非彻底否定或推倒重来,而是以强大的内聚力包容了现代建筑所创造的现代技术、现代工艺,并在此基础上拓展包括现代建筑在内的几乎所有传统建筑和社会文化等内容,其中包括消费文化、大众文化和通俗文化等。一个典型的例子就是,后现代建筑的出现与现代建筑的几何线性衰竭休戚相关。詹克斯认为后现代建筑并不只是对现代建筑的反动(Anti-Modernism),而是对现代主义的超越(Beyond Modernism),即承认被现代建筑否认的文化传统。它注重世界各地区、各民族优秀文化艺术传统的吸收和借鉴,并综合传统和现代建筑文化的精华,从而超越现代建筑。关键在于,后现代主义抛弃了总体化的幻想,否定一切普遍的、亘古不变的原则和规律,拒绝建立一种统一模式。因此,后现代建筑就是把最近的现实和传统文化重新组合,它以“拼贴”或“杂烩”的方式重新解释历史元素,并企图按照一种世界文明和多元文化的理想来恢复西方人道主义的文化价值。后现代建筑并不是要取代现代建筑,而是强调并珍视后现代社会中出现的一系列新的变化。应该说,后现代建筑是对传统文化价值的重新肯定,是西方社会在一个更高的历史阶段发展的必然结果。

现代建筑由于推崇理性至上而导致简约主义、纯净风格,所以必然陷入僵化的因袭自恋的境遇。有鉴于此,人们开始反思现代建筑的弊端。比如,偏重批量生产、忽视个性,强调普遍性、忽略情感,重视功能、消除装饰,等等,以及由此产生的单调乏味的生活环境和城市景观越来越使人厌倦。面对现代建筑的种种片面不足,以文丘里为首的"保守的反现代主义",坚持"既要……也要……"的方针。他认为,"历史主义"和"民间主义"是发展当代建筑的两支船桨,建筑创作必须"一手伸向古代,一手伸向大众"。此外,以解构主义为代表的"激进的后现代主义"则强调建筑中的差异性、悖理性与即视性,以对抗现代建筑的确定性、同一性。因此,后现代建筑在形式上经常采用风格重构、矛盾含糊、拆解粘贴、复杂暧昧等手法。质言之,后现代建筑放弃了现代建筑的技术理想,在此"超美学"意识形态缺失——它并不打算改变世界,而是试图美化世界。

## 本章小结

现代主义建筑与统治欧洲几千年的、为少数权贵服务的精英主义建筑形成了鲜明的对照,具有知识分子浓烈的理想主义色彩。它虽然不是为精英服务的,但却强调精英领导的新精英主义的建筑运动。

"后现代"这个词最初只是表达一种对现代主义的粗暴反叛,它认为现代主义不再适应当前所有建筑;然而在后来,后现代渐渐变成对真正的或名义上的反功能主义思想的无所不包的口号——什么都行,怎样都可以。不过,后现代确实又是现代的承续,其革命性就在于批判和超越。后现代性包孕于现代性内部,它在现代性产生之初就与其相伴。它从现代性中吸取养料,在批判中不断超越,最终表现为现代性发展到一定阶段后产生的反思。后现代主义产生于后工业社会,与信息社会、知识社会、网络社会和去组织化的资本主义社会变革同时进行。在现代主义形成之后,后现代主义在基本精神、运作原理等方面采取与原有模式相左的方式展开运作,但它并未对新社会做出本质界定。它只是延续现代主义的必然结果,并且肯定了现代主义的优越性。

# 第三章　后现代建筑的反理性主义趋向

理性，在西方哲学史上不仅是一个经典概念，还是一个不断发展变化的历史范畴，本体理性、启蒙理性、科学理性、技术理性等都是其在不同时期的具体表现。理性与科学精神密切相关，反对感性事物的个别性、不确定性，肯定客观世界的规律性。现代性的理想就是以理性为依据建立一个统一的世界；运用理性"人们将能够认识所有事物，凡事将扶上正轨，根据理智处理一切事物。……重建一个作为一个整体的世界，便是那个现代的夙愿所在"①。在此之下，现代社会是一个通过合理性、合法化方式来建构高度组织化社会的过程，是一个可操作、可计算、可分解与可控制的主客二分世界。然而在启蒙精神、科学技术、理性自身演变和发展的过程中，理性被泛化和滥用，工具理性随之产生并渗透到生活的方方面面。随着工具理性的膨胀，在追求效率和实施技术的控制中，理性由解放的工具退化为统治自然和人的工具，工具理性变成支配和控制人的力量，而人由此被异化。

## 第一节　理性主义的文化危机

"批判理性，由于其本身的严格性而突显其暂时性。没有什么东西是

---

① 韦尔施．重构美学［M］．张岩冰，陆扬，译．上海：上海译文出版社，2006：146.

亘古不变的;理性只有在与变化和他者一起时才能被识别。我们并不是被同一性及其大量、单调的周而复始所统治,而是被他者、冲突以及令人眩晕的各种批判所规训。过去,批评的目标是真理,但在现代的时代里,真理就是批评,并且真理已不再是永恒的,而是变化的。"①大量事实表明,理性与技术的进步并没有使人类进入一种完善完满的境地,相反,自启蒙运动以来建立的现代性社会却因种种问题,引发了对理性的深刻质疑和反思。

## 一、理性主义文化的自反性

古希腊时期,审美的神秘体验同"数""理念""形式"混为一谈。中世纪哲学和理性知识被用来服务于宗教。文艺复兴时期,高举"复兴古典文化"的大旗,试图恢复和弘扬被尘封已久的理性主义传统,但"就这些理性主义哲学家的思想来看,仍不免夹杂着以往经院哲学的非理性主义成分,……其思想结论往往导致神秘主义和非理性主义"②。欧洲大陆具有浓厚的数学传统,许多哲学家还兼具数学家的身份,笛卡尔更是将数学的方法引入哲学之中,建构了理性主义哲学,注重普遍性和演绎推理对认识的作用,确立了理性的合法性和权威性。在"我思故我在"这振聋发聩的口号感召下,确立了知识的作用及人的主体力量,理性的呼声不断高涨。现代社会中的理性主要以近现代的实验科学为基础,其中渗透着科学精神和技术理性,理性具有绝对的统摄地位。理性最初是为了解放人类而出现的,可是当理性被推崇到至高无上的地位时,它又成为认识事物的唯一方式。这导致了工具理性与价值理性相互分离;科学与逻辑成为理性的"帮凶"。

---

① 帕斯. 泥沼中的孩子:从浪漫主义到先锋派的现代史学[M]//海嫩. 建筑与现代性:批判. 卢永毅,周鸣浩,译. 北京:商务印书馆,2015:16.

② 张儒义,李建国. 论西方非理性主义思潮的历史演变[J]. 四川大学学报(哲学社会科学版),1987(3):29-35.

以理性和科学为基础的现代文明的矛盾与缺陷不断显露:人的异化、能源危机、环境恶化等问题使人们意识到真理具有相对性;物质与精神、主体与客体之间并非对立的关系;不能够脱离主体的人来看世界。实际上,在笛卡尔自信乐观地坚持理性的可靠性的同时,帕斯卡(Pascal)、维柯(Vico)已经认识到理性自身的局限与危机。卢梭、荷尔德林都表现出了对理性至上思想的质疑。随着西方资本主义社会矛盾和精神危机的深化,随着理性崇拜、理性至上所导致的理性自赎性反思和理性自我批判,非理性主义思潮空前地发展。

与黑格尔同时代的叔本华已经质疑理性的权威:“如我们已经看到的,人类虽有好多地方只有借助于理性和方法上的深思熟虑才能完成,但也有好些事情,不应用理性反而可以完成得更好些。”①尼采预言,科学并不能给人类带来绝对的知识,哲学的使命要克服传统形而上学和科学理性主义。他认为人和世界的本质是非理性的意志,对于世界的认识最初不是依靠概念,而是通过情感来探索的,由此尝试恢复感性的力量,期待人的自由和解放。随后,越来越多的思想家都对理性及科技理性进行了深刻的批判:弗洛伊德、存在主义等对以黑格尔的绝对理念为典型代表的传统理性的拒斥,韦伯(Weber)、齐美尔(Simmel)、西方马克思主义等对科技理性的批判。事实已经证明理性并不是认识事物的唯一方式,科学技术并不能提供审美及伦理指引,而在理性目的、科技效率与审美快感、哲学反思的关系上,人们的生活已经失去了平衡,并且倒向工具理性一边。理性“抽象掉了作为过着人的生活的人的主体,抽象掉了一切精神的东西,一切在人的实践中的物所负有的文化特征”②。“因为人的存在是变动不居的、开放性的,而体系则是封闭性的,所谓理性、真理的体系一旦

① 叔本华.作为意志和表象的世界[M].石冲白,译.北京:商务印书馆,1982:100.

② 胡塞尔.欧洲科学危机和超验现象学[M].张庆熊,译.上海:上海译文出版社,1988:71.

建立,就把思想自身囚住了。”①

随着理性的危机逐渐暴露,人们终于从科技神话中惊醒,带有主观色彩的非理性成分在西方社会中漫延。面对现代社会的重重危机,自然科学再次将目光从机械转向社会并对人的本体进行全面的审视,机械论被系统论、信息论、控制论超越和取代。与以理性建立起来的高度发达的物质文明相对立,西方意识形态领域出现了一股非理性思潮,体现了人们对工业理性的宣泄与反叛,如文学作品中的意识流与超现实主义,音乐中的摇滚乐,美术中的行为艺术、装置艺术,人们试图在精神领域中寻求新的坐标。

## 二、后现代哲学的反思与批判

20 世纪六七十年代以来,西方步入后现代社会,存在主义、语言哲学、精神分析、符号学、结构主义、新阐释学、解构主义相继兴起,各学科之间不断交融,相互影响。否定性、摧毁性、断裂性、反传统构成了后现代哲学的基本特征,其批判矛头直指理性主义。

“欧洲的危机在错误的理性主义中有着根源。”②欧洲传统理性的信仰开始崩溃。后现代哲学家们面临现代西方社会的种种问题,开始质疑理性问题的绝对可靠性,关注非理性因素在认识和实践中的创造性作用,以彻底否定的精神解构以启蒙为特征的西方技术理性主义思潮。后现代哲学以反理性主义作为主要特征,它并不是完全否定理性,不要理性,而是主张超越理性,用非理性的意志、情感、直觉等作为领悟世界的途径,从更广泛的范围来丰富对人和对世界的理解。

利奥塔对“元叙事”提出质疑,元叙事“实际上是指近代理性精神为

① 王治河.后现代哲学思潮研究[M].增补本.北京:北京大学出版社,2006:100.

② SPIEGELBERG H. The phenomenological movement: a historical introduction [M]. Berlin: Springer, 1971: 78.

我们建立起来的两个宏大叙事，这是渗透在西方近代价值理念深处的、成为其重要的标志和坚定信念的两个宏大叙事：一个是关于人的解放的宏大叙事……；另一个是关于思维同一性的宏大叙事……。由此可见，利奥塔提出的知识合法化的危机，并对一切元叙事开战，实际上针对的依然是启蒙和现代性”①。

在结构主义的内部，解构主义生发，它集中表现出对传统与理性的质疑。解构主义是结构主义在向后结构主义衍化过程中派生出来的，而它也是所有结构主义反叛队伍中最具有影响力的一支。德里达运用“解构”作为武器，攻击传统逻各斯中心主义和人本主义，破除理性的神话。解构主义的核心论点在于相对主义，它取决于判断主体的不同立场及带有倾向性的思维框架，揭示事物对立关系之间隐藏的相互依存性就等于“解构”了它们。这些关系可以被取消甚至被颠覆，它们之间往往产生出一种自相矛盾的效果。解构主义认为，真理实际上是一种虚构，阅读始终是一种误解；而最根本的理解只可能是一种误解。因为理解从来就不是直接的，永远是一种片面的阐释，经常使用比喻，却还自以为忠实于本义。“同海德格尔一样，德里达对西方形而上学的解构实质上就是对西方传统理性主义哲学的摧毁。”②解构主义充满强烈的反权威、反传统的解构与批判精神，它强调颠覆和摧毁，反对理性，反对以人为中心，反对终极和绝对，主张潜意识或无意识，主张返璞归真，主张无规律和无模式。显然，这种思想颠覆了人们对逻辑、伦理及政治法规的惯常信念，而后现代主义中最富革命性、最典型的正是这种颠覆策略。对理性霸权的批判与反思、清算与决裂构成后现代主义的任务。

后现代是一个知识生产、媒体、信息和数据膨胀的年代，在这里，人们对于交流传播、官僚主义和社会结构从来不是毫无权利的。具体而言，不

---

① 马汉广. 论福柯的启蒙批判[M]. 哈尔滨：黑龙江大学出版社，2014：61.

② 王治河. 后现代哲学思潮研究[M]. 增补本. 北京：北京大学出版社，2006：107.

再有一个宣称了解真理的科学;相反,科学就如与混沌学相联系的量子力学一样,是在讲述故事,与其他的故事抗衡,就像在其他知识领域中一样。后现代哲学以人为中心,人的效用是其出发点,人的本质是非理性的意志,人的存在先于本质,唤起社会对个体人的尊重。后现代的特点就是"由理性到感性一般(实践、经验、生命)再到感性个体(死亡,此在)再到彻底的虚无(后现代,'什么都行')"①。这明确揭示了后现代对于传统理性的颠覆与消解。后现代理论是反思和批判西方理性主义文化的理论思潮,是对西方理性主义文化的反思。

在后现代的社会,艺术的意义也发生了转变:"艺术变成了一个越来越具有独立价值的世界,……它提供了一种从日常生活的惯例化,尤其是从理论的和实践的理性主义压力中解脱出来的救赎。"②

作为后现代主义运动的先行者,建筑更是如此,它打破理性统治下的轴线性与对称性布局,以动态的方式率性地演绎着人类诗意的栖居意识。

有"清水混凝土诗人"美誉的安藤忠雄虽然没有接受过正统建筑学专业教育,但他游历各国,考察各地的建筑文化遗产,分析现代主义建筑的成败之处,开创了一套独特、崭新的建筑风格,成为当今最为活跃、最具影响力的世界建筑大师之一。上海保利大剧院(图 3.1)是安藤忠雄在中国设计的首座大型文化设施项目。他借助了现代主义的建筑材料、形式与语汇,用混凝土、玻璃围合出一个简单到极致的"方盒子"。五个轴线同样清晰的圆筒侵入贯穿到长方体结构之中,以不同的方向、角度、位置形成不同的空间,打破了"方盒子"的整齐划一。横向交错的圆筒构成了相互渗透的半室内半室外的体验空间;垂直穿插的圆筒构成了入口大厅的共享空间。圆筒采用了木纹格栅装饰面,与清水混凝土形成鲜明对比,并产生丰富的层次感与距离感。大剧院通过不同的视线角度将周边的风

---

① 李泽厚,刘绪源.该中国哲学登场了?[M].上海:上海译文出版社,2011:3.

② GERTH H H, MILLS C W. From Max Weber: essays in sociology[M]. New York:Oxford University Press,1946:342.

景纳入其中，剧院内看到的风景也随之出现各种各样的轮廓。纯粹的立体造型非线性地进行重组，形成一种多义的、不确定性的关系，以此来诠释现实世界的复杂性。生活的不确定性，正是人们希望的来源；建筑的不确定性，带给人们无限的体验。安藤忠雄称保利大剧院为“文化万花筒”，即把多种体验与文化融合在一起。在这里，木与石、方与圆、古典与现代、东方与西方相揉汇；在兼顾剧场功能性的同时又考虑到建筑的公共性与共享性，它点亮了人们的生活，成为人们摆脱束缚、展示自我的舞台。建筑师从直观、内省等东方传统哲学思想出发，遵循人与自然的共存共生，提出“情感本位空间”的概念，营造出一个自然、建筑、艺术、人类彼此和谐相容、自在对话的交流空间。建筑不再是人与自然的隔绝，而是一种媒介，水、风、光等自然元素与其无间融合，让人们真切地感受自然的存在。

图 3.1　上海保利大剧院

## 第二节　碎片断裂取代霸权统治

20 世纪西方思想史上一个十分引人注目的现象就是语言学转向，即哲学研究的重点从对终极问题的关注转向对人类语言中隐含意义的关注。有鉴于此，建筑的意味也随之发生转变：从追求理性秩序感包含的美到个性张扬与叛逆的精神。作为空间艺术，建筑既造型于空间，又腾空于空间。建筑提供生活空间，给人们活动的可能性。建筑铸就人们对都市、环境和社会的看法，参与创造人们的都市和文化想象、愿望和感知。空间是由各种不同的体量组成的，高大的、低矮的，压抑的、舒展的，冷静的、热烈的，水平的、倾斜的，它们都是可以唤起人们感情的元素，空间是所有建筑的本质要素。重点在于，后现代建筑空间不再是静态的、僵化的，而是运动的、鲜活的。

## 一、现代主义建筑对理性的推崇

源于对柏拉图理念论的坚持，笛卡尔在《谈谈方法》一书中确信现实世界可以通过计算手段用数来加以理解和建造，并且反复运用了城市的比喻①。这一比喻象征着新科学的理性，蕴含着各种均质性建筑的统一性。工业革命以后，由机器来进行大规模生产的要求日益加强，产品定型化与标准化成为批量生产的主要依据。科技的发展和广泛应用，使工业化成为现代社会的基本特征。在倡导标准化的时代，尤其是在发达资本主义社会里，现代城市不断扩张延展。在新技术革命推动下，现代主义运动把建筑看作一种实用之物。为此，人们狂热地追求建筑的工业化，以严格的科学理性来布置建筑的形式，建筑因而成为科学艺术与技术结合的试验场。

19 世纪中叶，理性主义者维奥莱・勒・杜克（Viollet-le-Duc）提出了建筑设计的方法："一种适当的建筑方法的选择，不仅在实用上而且在表现上适当注意材料的性质，……把这种表现纳入一种统一和协调的准则中，即一种尺度、一种比例关系、一种装饰方法。"②20 世纪初，由于社会的变革、工业的发展，服务于大众的各类建筑出现了。同时，建筑技术的

---

① 笛卡尔．谈谈方法［M］．王太庆，译．北京：商务印书馆，2010：11-12，19．

② 刘先觉．现代建筑理论［M］．北京：中国建筑工业出版社，2002：497-498．

发展和新型材料的运用使建筑产生了根本性变革，现代建筑运动由此开始。以往单纯依靠个体经验、直觉、判断或灵感的传统建筑设计方法已经无法适应现代社会的需求。自此，无论是建筑服务的对象，还是建筑形式与空间，以及建筑的立场和手法都与古典建筑有了深刻的差异。1926年，密斯·凡·德·罗宣称，“建筑是被翻译到空间的时代意志”①，这个意志就是客观的、逻辑性的以及严格技术的表现。现代主义建筑以理性为定向，勒·柯布西耶甚至号召建筑师必须赶上科学和其他的艺术。同立体派画家一样，建筑师运用结构，通过几何形体使人赏心悦目，通过数学模式满足人们的审美需求。“建筑是高于一切的艺术，它达到了同时兼备柏拉图式的崇高、数学的秩序、思辨的思想、存在于情感联系中的和谐境界，这才是建筑的目的”“建筑意味着形体的创造、智慧的探索、高等的数学。建筑是一种高贵的艺术”②。建筑要走工业化的道路，把经济性放在重要高度，建筑师要学习工程师的理性，建筑不仅要有机器般的功能和效率，还要有机器的造型，即简单的外部轮廓、复杂的内部结构。在《走向新建筑》一书中，勒·柯布西耶以赞赏的语气反复提到那个时代最初的辉煌成果——谷仓、电梯、扶梯、工厂。它们是“美国的工程师用他们的计算使垂死的建筑艺术深受打击”③，勒·柯布西耶一直在竭力寻求建筑语言上的“固定词”，尝试用数理符号去建立通用的艺术法则，他对黄金分割进行深入的研究，制定了模数标准（图3.2），浇筑在他设计的马赛公寓的墙上，被奉为金科玉律，为标准化生产提供了和谐统一的可能。建筑以数学理性满足人们的认知，展现了几何形式的美与辉煌。理性成为建筑设

---

① 弗兰姆普敦. 现代建筑：一部批判的历史[M]. 张钦楠，译. 北京：生活·读书·新知三联书店，2004：256.

② 勒·柯布西耶. 走向新建筑[M]. 杨至德，译. 南京：江苏凤凰科学技术出版社，2014：102，133.

③ 勒·柯布西耶. 走向新建筑[M]. 杨至德，译. 南京：江苏凤凰科学技术出版社，2014：36.

计的化身。因此,理性主义是现代建筑统一的思想核心,现代建筑认为建筑美的基础在于建筑处理的合理性和逻辑性,以及空间和体量构图中的比例与表现手段。

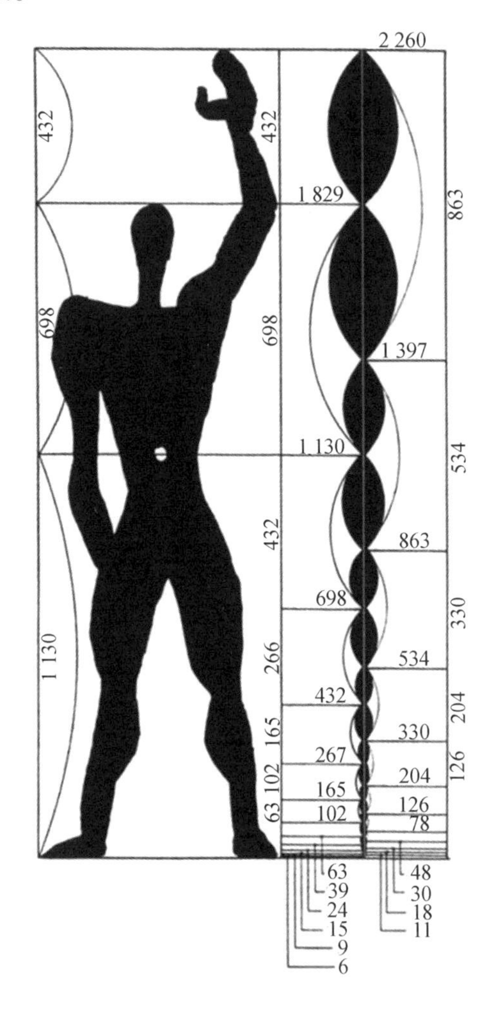


图 3.2　勒·柯布西耶模数

传统建筑空间主次分明、恪守其位,整体与局部、局部与局部之间的关系是明确的、具有等级性的。如文艺复兴时期威尼斯的圣马可广场,中心是宏伟的圣马可教堂，南侧和北侧分别是新旧市政大厦。现代主义建筑力图表现理性与民主，勒·柯布西耶认为摩天大楼朝气蓬勃、坚固雄伟，反映了时代精神。由钢筋混凝土和玻璃组成的摩天大楼表现了民众对工业理性的信仰。现代建筑一味追求高大的体量、宽广的空间，表现出人们借助科学技术对力与美的颂扬，反映人们将空间推向极限的强烈信念。

最能够代表现代建筑特征的是摩天大楼。摩天大楼是经济力量合乎逻辑的结果，计算机的使用使结构计算越来越精准，科学的进步使承重材料越来越坚韧，而机器的使用使施工技术越来越成熟。摩天大楼是经济、技术和文化发展到一定时期的产物，也是建筑师"欲与天公试比高"的英雄主义豪情的体现。现代建筑依靠技术向空中和地下延伸，在现代人的眼中，大体量、大跨度的建筑既是商业竞争的结果，更是先进技术的体现。

现代社会秩序化的政治模式、批量化的生产方式不断地弱化知觉的审美结构，在把人变为单向度之人的同时，也把建筑变成了单向度的建筑。产生于理性主义、行为科学和实用主义教条下的现代主义建筑追求高大的空间，忽视人的情感需求。在那里，更多的是复制，而非创造自身的个性空间，由于形成严重的同质化，因而其中缺少人性关怀。

"现代建筑学完全回到了理性的、数学的精神，这是一种明细透彻的精神，'几何的精神'忘却了'美的精神'，不，甚至更糟，它歧视美的精神，将之摒弃出去。"①以勒·柯布西耶为代表的现代主义建筑就是如此，庞大的底层架空柱，明确而激进地摒弃了周围的环境空间。仿照现代化轮船、汽车的样式，建筑也创造了一种崭新的空间，它为人们所向往的原始政治的改革指明了道路。同时，现代主义政治本身就像布莱希特作品中所描述的那样，大概是作为理想的延伸，文化必须具有认识和教育性，亦即艺术的教化功能。

---

① 韦尔施. 重构美学[M]. 张岩冰，陆扬，译. 上海：上海译文出版社，2006：155.

此外，现代建筑仅从经济和技术等因素来构建空间，而忽略环境的客观性。它"习惯于不带审判性地看待环境，因为正统的现代建筑如果不具有革命性及简约等特点，可以说是进步的；它不满足于现状。现代建筑从不容情，建筑师一直偏向于改变现有环境而不是改进它"①。现代建筑试图根据理性建立并强行使用单一措辞，尤其是把建筑定义为密闭的空间。现代建筑以单一和纯净为荣耀，强调普遍法则，赞颂总体设计，其结果却引起自身的消亡。

现代建筑崇尚客体独立性，其美感产生于筑造的合理性和逻辑性，建筑师往往致力于把美的法则同现代技术材料结合起来，从而使建筑造型显得典雅和严整。现代建筑以明晰透彻的几何模型彰显理性和数学思维，在它身上，现代精神比以往任何时候都更显著。现代主义的发展是以科学理性为基础的，但随之而来的是追求终极价值所带来的困难。现代主义尊重自我，但它在自信和肯定中异化为人与自然的对抗、人与人之间的疏离，最终使整个世界处于物化状态。这不仅使人与自然的和谐关系遭到破坏，而且也使个体的绝对自由彻底丧失。

在理性之光烛照下，现代主义建筑意味着摒弃、删除和净化曾经出现过的设计手法，它让纯净而不加修饰的本质浮现出来。它从"纯粹的装饰"的初级满足向数学模式的"更高级的满足"运动，向着"合理的"建筑和城市标准前进。于是，现代建筑变得"朴实无华"——它具有"极其严格的、纯粹的各种实用成分"，既有"准则"又"经济实惠"。事实上，现代建筑由于十分符合战后社会所要求的经济性、合理性以及实利主义，因而被世界广泛接受。尽管现代建筑利用理性有效地解决了人们居住的基本需求，但给整个世界带来了单调乏味、千人一面的"方盒子"景观。到了20世纪六七十年代，在西方发达国家，伴随经济增长和市场繁荣，人们居住的基本物质要求已经满足。这样一来，人们开始寻求更高的"栖居"的

---

① 文丘里，布朗，艾泽努尔. 向拉斯维加斯学习[M]. 徐怡芳，王健，译. 原修订版. 北京：知识产权出版社，中国水利水电出版社，2006：3.

精神满足。此外,随着自我认同危机的日益加剧,一场对建筑和城市环境深刻反思的运动也应运而生。这些运动首先属于对理性的质疑,然后则是对非理性的张扬。

## 二、后现代建筑的非理性张扬

伴随西方社会进入后现代,建筑也步入了后现代。如所周知,后现代拒斥现代社会所假设的一致性观念及因果关系,赞同多元化、碎片化;摒弃现代理论所预设的理性的、同一性的主体,赞成被社会和语言非中心化了的割裂的主体;它将艺术的感性放在比“意义的解释”更为重要的地位。这就是反理性主义的在场,也是其向理性主义发出的战斗檄文。受非理性主义和存在主义思想影响,后现代建筑也变得不再“中规中矩”,而是发生了重大转变:它大胆地表现那些所谓不和谐、不合理、不真实的荒诞世界,从而使得形式和内容相互离析、话语与语境相互悖逆、事物间“能指”和“所指”相互错位。意大利建筑师阿尔多·罗西(Aldo Rossi)设计的荷兰博尼方丹(Bonnefanten)博物馆新馆(图3.3),主体由红砖饰面的封闭的实体墙构成,很少开窗,像个密闭的城堡。入口门厅底部是砖石筑成的方形基座,上部分则使用了金属与玻璃材料构成了一个充满向上动势的火箭头拱顶,顶部开设了透光的天窗,充满时代感。金属与玻璃或是发散出神秘耀眼的光芒,或是映照出周边丰富的色彩,无论是颜色、形式还是材质都与建筑主体反差极大。换言之,后现代建筑中的不和谐和反秩序取代了整体性和统一性。它缔造和建构了一个非理性和非逻辑的异化世界,形成了趋向荒诞性的审美新向度。在这里,真实与虚拟的界限不再明显,而其相互之间的关系也不再那么互不相容。

当然,建筑立场、构造手法与建筑的形象密切相关。古典建筑多采取立意手法,把形式转化为形象,以固定的语言模式生成众所周知的共识性符号;现代建筑按照数理关系把自身抽象为简单的几何形体,冰冷严肃,形成了风靡一时的国际化风格;而后现代建筑则散乱耦合,以玩世不恭的形式,处处表现出对现代建筑理性设计手法的反叛与超越。

图3.3　博尼方丹博物馆

在传统建筑话语中,确定性秩序是一种与建筑关联起来的特质,对称、比例都是理性与秩序的体现。作为西方建筑的源泉,古希腊建筑更是在严格的数学秩序基础上建立起来的,故而确定性与规则性一直以来都是建筑的默认程式。不过在后现代建筑中,设计的意义体现在对常规造型的刻意违背,体现出一种对秩序霸权统治的疏离。

“后现代主义这一概念首先被用来指称那些反叛者,他们反对功能主义的、建立在科学基础之上的理性化建筑。”①在反教条的名义下,后现代建筑突破既有的建筑艺术的规律性和逻辑性,这也正是后现代主义美学的核心理念。否认建筑艺术中的既有规律,排斥逻辑性,宣扬主观随意性,以杂乱、怪诞和暧昧为美,这是后现代主义的主要特征。然而由于反秩序、非总体化,以及非确定性,后现代建筑往往会引发较大争议。原因就在于,后现代建筑在否定了旧秩序之后,它所建立起来的新秩序可能不符合所有人的价值标准、审美要求。但是,一个时代应该有“和而不同”的声音,如果没有这种反秩序的声音,固定的、陈旧的和僵化的秩序将一直占据时代的主流话语,那么社会势必呈现一种故步自封的状态。因此,

① 鲍曼.立法者与阐释者[M].洪涛,译.上海:上海人民出版社,2000:157.

在社会文化的各个领域,反秩序的现象其实一直都存在,而且会一直存在下去。

无论是在古典时代,还是在现代时期,和谐、秩序、逻辑和整一都是建筑共同遵守的准则。古典建筑是与宇宙和谐联系在一起的,维特鲁威把人体的完美与天体秩序相比衡,并据此来证明建筑的规则。同样,文艺复兴也以完美比例的雕塑和建筑在宏观与微观上追求平衡。现代建筑更是强调建筑符合人的尺度,创造建筑与人之间和谐亲密的关系。勒·柯布西耶对于比例系统整体的运用体现在建筑中的每一个细节,在其著作《模数制Ⅰ》和《模数制Ⅱ》中更是强调人体尺度是模数尺寸的基础并同黄金分割有关。数学创造了和谐,数学的方式可以掌握一切。然而,“生活与数学是不能用统一尺度衡量的。……因为数学视个体为共性的个案。……(建筑)同样首先与生活过程相关,因此,它不能将自身定位在一边倒的数学模式之中。”①建筑学完全有理由从数学的迷信中解放出来,表现出“不和谐之和谐”,在后现代数以千计的作品中就有许多是悖论性的,并试图在混乱与秩序中寻找平衡。总之,不对称之对称、残破之纯净、不完整之整体、不协调之统一,后现代建筑成为一种即兴创造、一种随意的拼凑、一种支离破碎的模型堆积,但它却是积极和自由精神的体现。

弗兰克·盖里(Frank Gehry)的建筑作品向来以前卫、大胆著称,其非确定性设计风格不仅颠覆了几乎全部经典建筑美学原则,也横扫了现代建筑,尤其是“国际式”建筑的清规戒律与陈词滥调。盖里设计的西班牙毕尔巴鄂古根海姆博物馆(图3.4)或是由于展览的需要,或是对建筑外部的一种中和,室内的墙面都以纯白色调为主,只因不同的灯光和自然光照明而产生光与影的变化。这种相对纯净的基调也平复了参观者进门时那种起伏不定的心绪,使眼睛跟随着一件件艺术品行走在变化的空间

---

① 韦尔施.重构美学[M].张岩冰,陆扬,译.上海:上海译文出版社,2006:160.

中。现代社会的转型导致了艺术发展的变化。后现代艺术消除了古典艺术以叙述为主、意义明确的特征,大都以含义不明、费解、令人“惊颤”为其特征。毕尔巴鄂古根海姆博物馆由复杂的双曲面体块碰撞、组合、穿插而成,外形极为张扬,外部主体几乎没有一根直线,表面独特的钛合金贴片随着河水与光线的变化产生丰富的流转效果,以惊颤、追求视觉刺激的外观结构取代了传统博物馆的优雅庄重的韵味。

图 3.4　毕尔巴鄂古根海姆博物馆

20 世纪 80 年代前后出现的后现代建筑借鉴德里达等人的解构主义美学,宣告理性主义美学的破产,从而确立一种反形式和反完美的思想。解构主义处于不稳定的矛盾状态中,否定形而上的永恒至上权威,否定安于现状的“存在”,体现挣脱强制和挑战的反抗精神,表现为“延异”的方式。解构主义打破了西方哲学史上长久以来对中心、本源的追求,进而对占主导地位的语言中心论进行肆意颠覆和反叛。在一定程度上,德里达的哲学观点使激进的建筑师找到一种有效解决现代建筑理性呆板的方法,建筑的完整与和谐观念遭到了抛弃。解构主义建筑师埃森曼(Eisenman)、库哈斯(Koolhaas)、屈米(Tschumi)、哈迪德(Hadid)等人的建筑实践与理论“并不是超越形式主义和理性主义,而是反对被它们自己的武器破坏的形式主义和理性主义,反对以一种形式主义和理性主义的方式来破坏的形式主义和理性主义。这种方法的促成因素在这里仍然是哲学的,它是根据对人本主义和人类中心说的批评阐释的……”①在这样一个信息爆炸的时代,文学艺术正在以“语不惊人死不休”的方式,试图创造出让观者过目不忘、建立短暂的永恒的形象,建筑的处境也是如此。

事实上,解构主义对西方后现代建筑产生了深刻影响。由于解构主义的出现,建筑的本质受到严峻挑战,一切旧有的文化价值受到怀疑,甚至连人自身的存在问题也受到质疑。既然哲学非哲学,文学非文学,建筑自然可以非建筑,从而把现实消解和分化。荷兰建筑师库哈斯声称“我们合并的智慧是滑稽的:根据德里达的观点,我们不可能是‘整一的’,根据鲍德里亚的观点我们不可能是‘真实的’,根据维里利奥的观点我们不可能是‘存在的’”②。解构主义建筑师们将建筑从以往的联系中释放出来,脱离固有形式和内容的束缚,倾向于变形、错置,在一个文本之中体现二元对立。尽管这种混乱与传统理性秩序相冲突,建筑师仍表现出对零散破碎美的驾驭,和对人们的生活及其所处文化的深入了解和体现。

张之洞与武汉博物馆(图 3.5)位于武汉汉阳铁厂旧址,由解构主义大师丹尼尔·里伯斯金(Daniel Libeskind)设计,建筑秉承了他一贯的风格与理念,同样是一座以回忆缅怀为主题的博物馆,同样是对秩序美的反叛。融入现代人们日常生活的博物馆既是对地方文化的传播,又是与历史对话的窗口。张之洞与武汉博物馆以全新的视角诠释了曾经的历史文化。全钢结构建筑的各个边角向外肆意延伸,呈现出反重力的观感。主体悬空挺立昂扬的造型,似锐利的钢斧,象征着汉阳铁厂开启了武汉乃至整个中国早期工业化建设的序幕;又似前进的巨轮,意寓武汉钢铁劈波斩浪、行稳致远。里伯斯金运用解构主义经常使用的“之间”概念,在博物馆主体与下方建筑之间形成一座门楼,称之为“历史之门”,以诗一样的激情连接起了人与物、时间与空间、觉醒与崛起,讲述了张之洞与武汉一

---

① 詹姆逊.时间的种子[M].王逢振,译.桂林:漓江出版社,1997:173.

② 万书元.当代西方建筑美学[M].南京:东南大学出版社,2002:128.

人一城之间的历史渊源。

图 3.5　张之洞与武汉博物馆

虽然埃森曼的建筑特征十分明显:不容忍人使用、不使人愉悦;但他的追求却是十分严肃的:在被剥夺了目的的建筑中,人类是偶然的、陌生的,或者在建筑上说是“不会客的”。质言之,这些建筑实现了埃森曼所追求的通过消解建筑中心以消解宇宙中心的玄学的目的。埃森曼不仅设计了一系列“反居住”的住宅、“反展览”的艺术展览馆,而且建造了一系列未完成的、片段式的或爆炸性的“反建筑”,以一种近乎哗众取宠的方式,展示出了对于理性的质疑。

对于后现代建筑来说,解构不是运动也不是风格,而是探索分化瓦解建筑界的一部分。解构建筑强调元素的综合、协调、构图,把潜在的、根本不同的各部分天衣无缝地重合在一起的长期实践,使建筑变得远离外部文化、远离当代文化状况。更为重要的是,解构主义建筑的支离破碎、时空的错乱、混淆不连续、虚无、假借、转换、疏离、散乱的特征既与解构主义思想有一定因果关系,又为解构主义大行其道提供了机会和条件。因此,运用解构主义手法设计建筑必须先撇开先验预设的法则,就意义本身含有的符号系统来参与其语意的进程,而无须限于一时一地。这样,以怪异、扭曲和残破为特征的解构主义建筑以反现代主义的形式,挑战一切总体性美学规范和建筑的本质。解构主义建筑的形象很灵活,更加趋于感性，具有反造型、反形式以及自我解构的特征。作为一种文化策略和美学策略，解构主义建筑以双重呈现的方式相互融为一体。解构主义建筑的批判方式激进、无所顾忌，它反抗一切传统、自我消解、自我颠覆，因而与早期的达达主义有些相似。

通过对现代主义秩序理性根基的质疑，解构主义建筑对现代建筑和艺术遗产的编码进行解析、改编和重组，它削弱了建筑的原创性。事实上，解构论总是取决于先前业已形成的意义，它总是假定存在着一种它要颠覆的正统观念，一种它要瓦解的规范，一种它要暗中进行破坏的假设和意识形态。解构主义建筑和解构主义文化一道促使社会走向非人本主义和反传统主义，走向非古典主义和非人情化。解构主义建筑改变了建筑固有的形式秩序，以散乱的架势、飞升的动态，形成了与古典主义、现代主义建筑稳重、端庄、肃立完全相反的姿态。

解构主义建筑的反理性打破了固有的理论基础，它取消中心，重视“机会”“片段”“偶然性”对建筑的影响。在此理念影响之下，建筑师们对传统的建筑观念进行消解、淡化，把功能、技术降格为表达意图的手段，并认为过程比结果更重要、思想比形式更重要。与现代主义建筑明显的线条或显著几何体的组合相比，解构主义建筑运用含糊不清、凌乱无序等手法赋予建筑以各种意义。解构主义建筑试图让设计远离“形式跟随功能”“形式的纯化”“材料的真我”“结构的表达”等理性主义规范的束缚，使用重新发明的建筑语言抵制传统理性的影响。如此看来，作为后现代建筑的激进反映，解构主义建筑是后现代主义真正的代言人，它真正体现了理性主义的毁坏和主体之解放。

解构主义以创新和批判精神再一次挑战人的审美界限，其主要策略是几何学形态的大胆运用。如果说传统美学是基本几何体的集合，现代主义扩展了比较复杂、自由的几何形体，解构主义则是引进了更加奇绝、破碎、疯狂、反常、突变、散乱、动势、残缺的形式。强大的技术支撑、高昂的经济造价、作品的广告效应、大师的神秘和名气、震撼的视觉冲击、审美界限的挑战均促成一些作品的建成。解构主义建筑感性地把握了时代的脉搏，建立起一个暂时性的、碎片化的、不断变化的混乱模式。

在传统的建筑中，空间是指具体场域，它是容纳人日常生活和经历的三维整体。“现代派视空间为建筑艺术的本质，他们追求透明度和‘时空’感知。空间被当成各向同性，是由边界所抽象限定了的，又是理性的。逻辑上可对空间从局部到整体，或从整体到局部进行推理。与之相反，后现代空间有历史特定性，根植于习俗；无限的或者说在界线上是模糊不清的；‘非理性的’，或者说由局部到整体是一种过渡关系。边界不清，空间延伸出去，没有明显的边缘。这是一种进化，不是革命。所以它兼有现代主义的质地。”①不过，现代建筑的空间被各种规则和标准统治，它始终以静态形式应对不断变化的环境，而人要努力在变动不居中适应环境和寻找自我。如同后现代性不断变化和稍纵即逝的特质一样，在后现代建筑中，人的活动或者说生活条件产生空间；而在这里，空间没有明确界限，一切是虚构模糊的。

后现代建筑空间是以“多种方式使用和理解的，其中有些是互相矛盾的。……但当我们转而细心着眼于这种丰富性和矛盾性时，千变万化的图示便开始变得清晰起来了”②。对空间的分割不再是过去主观的直接切割，而是用“润物细无声”的手法。就像中国古典园林那样，它将空间的遐想、光线的倾泻和景色的导入，在有限的空间里展出无限的变幻。中国园林“园亭楼阁，套室回廊，叠石成山，栽花取势，又在大中见小，小中见大，虚中有实，实中有虚”③，后现代建筑从中国古典园林中吸取了空间的丰富性和无尽的极化。如詹克斯所言，“后现代就像中国的园林的空间。把清晰的最终结果悬在半空，以求一种曲径通幽的，永远达不到某种确定

---

① 詹克斯. 后现代建筑语言（节选）[M]//《建筑师》编辑部. 从现代向后现代的路上（Ⅰ）. 李大夏，摘译. 北京：中国建筑工业出版社，2007：111.

② 詹克斯. 中国园林之意义[M]//《建筑师》编辑部. 从现代向后现代的路上（Ⅰ）. 赵冰，夏阳，译. 北京：中国建筑工业出版社，2007：287.

③ 沈复. 浮生六记：卷二·闲情记趣[M]. 长沙：岳麓书社，2000：65.

目标的'路线'。中国园林把成对的矛盾联结在一起,是一种介于两者之间的,在永恒的乐园与尘世之间的空间。在这种空间中,正常的时空范畴,日常建筑艺术和日常行为中的社会性范畴、理性范畴,均为一种'非理性'的或十分难于表诸文词的方式所代替。后现代派的同样手法,用屏障,用不重复的题材,模棱两可和玩笑,把它们的面弄得复杂断残,把我们对时间和广度的正常含义都弄得不明不白。"①詹克斯于1990年建造的私家花园——苏格兰宇宙思考花园(The Garden of Cosmic Speculation,图3.6)借助中国造园手法,充分利用地形,表现出了非线性与复杂性。其实空间本身就是一个模糊的概念,是一个虚幻的存在,正是由于人的活动而使空间具有了实在意义,具有了具体特征。

图3.6　苏格兰宇宙思考花园

在后现代建筑中,空间是主角,它有特定历史性,根植于习俗传统。然而,这类空间是无限的和非理性的,它的边界模糊不清。在这里,空间是内外延伸的,没有明确的限定。同时,中心空缺与断裂是后现代主义反复呈现的特征,是人对生活非中心化的注解。它在建筑中表现为对空间的拆解,以及自由灵活的改变。"空间绝不是人的对立面。空间既不是一

① 詹克斯.后现代建筑语言(节选)[M]//《建筑师》编辑部.从现代向后现代的路上(Ⅰ).李大夏,摘译.北京:中国建筑工业出版社,2007:112-113.

个外在的对象,也不是一种内在的对象"①;"人与位置的关联,以及通过位置而达到的人与诸空间的关联,乃基于栖居之中。人和空间的关系无非是从根本上得到思考的栖居。"②显而易见,海德格尔的这些观点恰适地表现了建筑空间虚拟特征,人凭借距离体验空间,并在其中能够获取那属己的自由。

现代主义建筑单一呆板,而后现代建筑灵活多样,它打破了现代建筑传统的方盒子形态,"在世界观、美学倾向和创作原则等方面提出了新的主张、要求,因而赋予自身以新的特质,例如,突出世界的破碎感、混乱感,等等"③。后现代首要的理论是对"总体性"的悖反,而"碎片化"是其表征。碎片化是一个去中心化的状态,它是"反本质主义""非体系性"的体现。碎片化在建筑中主要体现为空间是"无限的或者说在界域上是模糊不清的;'非理性的',或者说由局部到整体是一种过渡关系。边界不清。空间延伸出去,没有明显的过渡"④。毫不夸张地说,艺术空间是人类关照自身的最后一片天地,在这里,虚拟空间借助艺术手段得以释放,体现了人类驾驭空间的最后力量。

## 本章小结

20世纪工业文明高歌猛进,精英文化的权威崩溃,大众文化以凶猛的趋势取而代之。文化的法西斯主义与工业文化的兴盛共同见证了理性

---

① 海德格尔.筑·居·思[M]//海德格尔.海德格尔选集(下).孙周兴,译.上海:上海三联书店,1996:1119.

② 海德格尔.筑·居·思[M]//海德格尔.海德格尔选集(下).孙周兴,译.上海:上海三联书店,1996:1200.

③ 吴焕加.外国现代建筑二十讲[M].北京:生活·读书·新知三联书店,2007:369.

④ 王岳川,尚水.后现代主义文化与美学[M].北京:北京大学出版社,1992:381.

的失败。在20世纪,有两个文件对世界城市规划和建筑设计界颇有影响:《雅典宪章》(1933)和《马丘比丘宪章》(1977)。雅典是西方文明的摇篮,代表的是柏拉图和亚里士多德学说中的理性;而马丘比丘则是另一个世界的一个独立文化体系的象征,代表的是启蒙主义思想没有包括的、单凭逻辑理性所不能分类的一切,表现出对于自然环境的尊重。这两个宣言表明了现代建筑和后现代建筑的不同立场。较之现代主义过分看重原则和理性,后现代主义更为关注非线性和反理性,这是世界复杂性的本质使然。

然而,后现代建筑中所谓的不确定性、反理性并非完全抛弃章法,不管不顾建筑中的时空特性,而是在后现代思想的指导下对某地某时的特定“旧秩序”进行反对和颠覆。关键在于,这种通过否定旧秩序而建立起来的新秩序,又将成为下一个时代所反对和否定的对象。因而,后现代始终是未完成的,它始终在“途中”。另一方面,反秩序并非要对秩序完全地颠覆。秩序和反秩序其实是一对矛盾统一体,反秩序必然通过一种存在于主流秩序之外的客观力量来否定和冲击主流秩序。

建筑需要进行意义的传达,但后现代主义认为语言是不可靠的,一个符号有时候会传达好几个不同的意义,所以表达意义的建筑有时候是不可信赖的,有时候是会令人误解误译的。那么在建筑中有什么是真正可靠,可以传达意义的呢?如何建立所谓的“建筑语言”呢?如何能够代表社会、社区表达意义呢?这一系列问题,都是后现代主义建筑师应该考虑的。

# 第四章 后现代建筑的多元文化主义原则

自古希腊以来,“一”和“多”的关系始终是一个传统的哲学问题。在西方传统哲学中,绝对性观念和一元论观点一直占据着统治地位。它们认为世界是一个整体,有一个普遍的本质或基础,对它的正确认识的理论有且只有一个。这种整体论的观点在黑格尔哲学中达到顶峰。黑格尔强调整体,抹杀个体的独立性,强调世界的统一,忽视世界的多样性。伴随科学技术和物质经济的飞速发展,从 20 世纪中叶开始,西方文化的总体模式发生了巨大变化。原有学科之间的界限被打破,开始交流对话,交叉研究、综合研究开始盛行。这不仅意味着一个新时代的来临、一种新观念的出现,同时也反映了文化自身的演变逻辑。作为整体的文化,是人类不断自我解放的历程,文化的多元主义正是应此而生的。多元文化主义尊重差异,追求“和而不同”的多样性。后现代建筑的多元文化主义对现代建筑的固有信条提出了严峻的挑战。

## 第一节 从“少就是多”到“少即乏味”

现代科学技术的兴起导致了机械论的出现。机械论以一种僵化的线性思维,把世界描绘为一个稳定、有序和受决定论控制的世界,并成为放之四海而皆准的普适性原则。进入 20 世纪,海森堡的测不准原理、玻尔的互补原理等都对传统一元论哲学给予强烈的冲击。它们冲破还原论的学科分割,从全局、发展的眼光去观察和认识世界,使人们打开眼界、开阔了视野。社会生活的多元趋势也使西方现代哲学由绝对性、一元论转向相对性、多元论。世界上并不存在什么绝对的、唯一实在的东西，一切都是相对的、多元的。

## 一、“少就是多”的建筑寓意

受康德先验唯心主义美学和元语言影响，现代艺术风格形式以纯化内部语言来对抗外部世界。它对客观世界采取疏离态度，拒绝与时代文化、社会、政治交契，最为显著的特征是其“纯粹性”。早在1914年，英国批评家克莱夫·贝尔(Clive Bell)就告诫人们，“我们在欣赏一件艺术作品的时候，并不需要从生活中带进任何东西。我们不需要把有关生活观念和事物的知识带入到艺术作品中，也不需要熟谙生活中的各种情感”①。主客二分、机械化和实证主义是现代社会的主要特征，它对建筑历史著述具有强烈的限制作用，并且给“建筑”赋予形而上学的色彩。所有这些，既是现代建筑的合理化依据，也是其自身理论化诉求的显现。

现代建筑诞生于蓬勃发展的工业化时代，它顺应了时代潮流，将工业生产体系引入建筑之中，倡导建筑的工业化、标准化和机械化；主张使用新技术、新材料和新工艺，使形式服从功能。密斯·凡·德·罗提出了“少就是多”(Less is more.)的著名观点，他倡导简洁的处理手法和纯净的形体，反对外加的烦琐装饰，并创造出了玻璃和钢质隔间“皮包骨”的“密斯风格”。如密斯与约翰逊的作品——纽约西格拉姆大厦(The Seagram Building，图4.1)，它把简约主义精神发挥得淋漓尽致。为体现“少就是多”的纯净性，整栋大厦没加任何装饰，全部由玻璃、钢梁和混凝土板组成；为使建筑表面体现格子式的工整，遮阳的窗帘都被统一成三种开合方式——完全打开、完全封闭、半开。这座玻璃大厦在其周围砖石建筑的映衬下，显得十分壮观。在“少就是多”理念的倡导下，现代建筑追

① 贝尔. 艺术[M]. 薛华，译. 南京：江苏教育出版社，2005：14.

求极简造型,致力于削减内容以致建筑外表越来越贫乏,迷恋于机器和工业生产的理性;讲求环境卫生,把纯净提到至高无上的地位。

图 4.1　纽约西格拉姆大厦

现代建筑的倡导者反复强调建筑的统一性,以此作为内在原则的有机表现,而不是强加的外在形式。“少就是多”的现代建筑原则强调建筑纯净的形式,要求建筑不包含任何多余的东西。1950 年建成的范斯沃斯住宅(图 4.2)是密斯为单身女医师设计的一座小型住宅,它处处显示出高度的理性化。这是一个长方形的玻璃“盒子”,使用直线、直角、长方形、长方体等多种形式;它简化了结构体系,纯化了艺术造型。住宅内部的空间同密斯在 1929 年设计的巴塞罗那德国馆类似,采取开放通透、连绵不断的划分方式,完全没有私密感。这标志着密斯的设计风格达到一个新的高度,也标志着现代主义风格向国际风格的转变。

图 4.2　范斯沃斯住宅

在建筑领域,真正具有全球影响力的风格力量无疑首推现代主义,以及后来在建筑学领域蜕变成的国际风格。国际风格是一种全球性建筑手法,专指第二次世界大战后在发达资本主义世界得到推广的立方体式的建筑艺术。这种建筑被剥离装饰后成为洁白、均一、像是用机器制造出来的标准形体,它偏爱轻型技术、现代合成材料和标准模数制的部件,以利于制作和装配。整体上看,现代建筑主张创造新的艺术风格、发展新的建筑美学,坚决抵制传统建筑的风格和式样。现代建筑要求外部形体和内部功能相配合,表现手法与建造手段相统一,形象合乎逻辑性,构图上灵活均衡而非对称,处理手法简洁,形体纯净,吸取视觉艺术新成果。它打破过去一切旧俗,以自己的模式来塑造一切的激进主义,建筑"由单纯重视装饰转向重视比例和尺度,取得了一定的进步;我们从初级的满足(装饰)上升到高级的满足(数学)"①。这种简约纯化的基本审美感知原则经由包豪斯以来的建筑革命而深入人心,于是"少就是多"也就成为主导

① 勒·柯布西耶. 走向新建筑[M]. 杨至德,译. 南京:江苏凤凰科学技术出版社,2014:128.

现代主义建筑一元论的霸权话语。

现代主义建筑虽然表现形式不尽相同，但它们的最终追求是一致的，即建筑艺术必须无条件服从于技术；建筑美首先是功能合理、技术先进、建造方便；建筑造型要符合形式美。形式美本身是纯客观的科学法则，它有助于实行建筑结构标准化、材料设备系列化。现代建筑的工业化图式树立起现代化的信号，它是现代性的强力显现。现代主义建筑本质上是极简主义的，它寻求把美还原为一种纯粹的形式功能，就像勒·柯布西耶和包豪斯学院的作品那样。

现代主义建筑一元论体现了逻各斯中心主义对理性、本质、终极意义等的追求。“逻各斯是一种主张存在着关于世界的客观真理的观念，这一观念包含着一种对‘中心’的固持，一种返回本源并永恒地、本真地直面真理的希冀。”①逻各斯中心主义意味着人和事物都有一个稳定的中心，世界存在绝对客观的真理。“在一个传统哲学的二元对立中，我们所见到的唯有一种鲜明的等级关系，绝无两个对项的和平共处。其中一个单项在价值、逻辑等方面统治着另一个单项，高居发号施令的地位。”②

“少就是多”是现代主义建筑中占据主导地位的权威思想，展示的是现代建筑话语的“宏大叙事”，体现出传统形而上学的中心性、整体性。“宏大叙事”与总体性、宏观理论、共识、普遍性和实证具有相似内涵，它是一个完整的、无所不包的叙事，具有主题性、目的性、连贯性和统一性。“宏大叙事（或曰元叙事）是一个解释性的纲领，是现代性的政治和科学工程合法化的最根本和非一体化的源泉，这些能获得合法地位的现代叙事不同于传统社会的神话叙事。”③这种叙事给艺术实践带来了某种合理性和权威性，例如古典建筑中强调的比例、和谐，正是由于毕达哥拉斯学

---

① 王岳川.后现代主义文化研究[M].北京：北京大学出版社，1992：80.

② 陆扬.德里达：解构之维[M].武汉：华中师范大学出版社，1996：57.

③ 瓦卡卢利斯.后现代资本主义[M].贺慧玲，马胜利，译.北京：社会科学文献出版社，2012：46.

派传扬以科学原理或数学元叙事作为基础才得到人们的广泛认可。

现代主义一贯坚持的宏大叙事往往诉求于总体性解决方案，机械论界定了艺术，建筑艺术曾被视为理性的典范，体现出平衡规范的总体性原则。现代建筑强调建筑的通用性和普适性，“少就是多”把明确的主题构思、纯粹的形式作为建筑意义的第一生命，因而表现出追求纯洁、反对含糊，追求和谐统一、反对矛盾折中，力求意义明确、反对含糊不清的美学内涵。

现代建筑提出“有用性成为美学的真正内容”，提倡艺术与技术的结合，主张创时代之新。它认为居住功能是建筑的实质，因而必须创造以几何形为主的“纯净的形式”。这使人们囿于一个技术的、远离历史的、城市化的世界中，而且强化了这种无形式、呆板的组合所造成的隔膜感。现代城市建设试图将自然和历史赶出城市，一切为建筑的实用性让路。于是，现代城市的基本特征就是高楼林立、街道纵横，而摩天大楼群成为工业社会城市的标志。作为技术与艺术统一的现代建筑，在过分强调功能的情况下失去了它曾有的自由的力量，而房屋仅仅是居住的机器。

现代建筑中所体现的社会秩序功能主义和无约束的主体将建筑与文化领域的联系归结为赤裸裸的功能性，但功能性不能创造艺术与社会领域中的具体形象以及共同象征形式的语义学。除了功能主义简约论的共同性之外，它无法给定任何共同的、有责任性的意义，建筑仅仅体现出作为科技意义的技术结构主义和精确性。形式与功能是密切联系在一起的，功能用来赋予形式以意义，而形式用来表达功能。同时，功能主义建筑风格中体现的禁欲、严格与排斥形象画面，符合现代科学方法论的严格性、非复杂性及禁欲主义。功能主义的方盒子式建筑，禁欲主义的“白色基调”，T 字形的简朴性，建筑方式和构造的清晰准确，对建筑物正面的浪漫式放弃——这一切都表现出现代建筑注重方法论、科学性和经济性，以及注重理性主义的特征。

现代主义建筑是工业化冲击下的“理想主义副产品”，它甚至比文学或视觉艺术更加符合那个时代的精神。然而，现代建筑对功能的过度追求使它产生了形式主义和单一风格的工业图式。按此逻辑，像商品可以机械化大生产一样，建筑也是可以批量生产的。密斯从抽屉里取出古巴圣地亚哥巴卡第朗姆酒公司行政楼的图纸，就建成了德国最新的纯功能主义建筑——柏林新国家美术馆。不管是博物馆殿堂还是行政办公楼，不管在欧洲还是在加勒比海，建筑都是一个尺码、同一身材。现代建筑是对世界的一种设计，其原则是可以放之四海而皆准的。在这一点上，它超过了以往任何建筑。在世界范围内，它以功能的形式和技术的喧嚣矗立起大量一模一样的建筑物。现代建筑洋洋自得，高踞在所有地方的、区域的和文化的特征之上，它模糊了纽约与伦敦、巴黎与罗马的区别，而世界由此也越来越趋于大同。

“少就是多”的建筑原则体现出了现代社会统一的理想，单一性与普遍性是其内在的本质，多元性与特殊性是被拒斥的。现代主义信奉科学的客观性和自明性，其建筑艺术具有结构的条理性、法则的逻辑性、材料的合理性等特征——它要求简约、明晰和秩序。“少就是多”表达出现代建筑一价性和总体性叙事的原则，概括了功能理性、技术至上、简洁主义等教条对现代主义原则的狂热推崇。

20 世纪 60 年代，由于玻璃建筑遍及城市每个角落，情况却变得有所不同了。在这时，玻璃建筑并非都像西格拉姆大厦一样优雅，而是变成了廉价媚俗的仿制品。它与原有城市布局相排斥，并且使曾经紧凑的城市物理形态退化为单一的结构。“少就是多”的一价性似乎要把其建立起来的绝对自足性作为一种理想原则，它既是纯粹物质又是纯粹符号，无论是通过引证还是典故，它都不表示自身以外的任何东西。这见之于办公楼的透明和单调重复，见之于医院房舍之普遍的白色粉刷，见之于厂房之刻板的组织性；而这也形成了城市的主要面貌——一种毫无差别的工厂城、官僚城、医院城，上班场所和住家、公共活动空间和集体化空间都浮现千篇一律的单调感。一价也意味着排斥，所以现代主义建筑不是“表示”，而是“存在”。“少就是多”简化了建筑结构体系，精简了结构构建，产生了没有或极少的屏障、可做任何用途的空间；净化了建筑形式，通过精确施工，成为由钢和玻璃构成的直角“方盒子”。现代建筑的一价性显示出机器冰冷的特征，是缺乏特定指向的通用型设计，是工具理性的体现。

同维也纳学派的逻辑实证主义或勋伯格的音乐一样，现代主义建筑试图去除所有外部意义，退回到一种纯粹的形式主义，而象征符号为了功能也被消除了。现代主义建筑中基本的几何意义上的点、线、面、体所组成的庞然大物，在耗尽了最初的新奇所带来的能量之后，却无法让公众在内心深处对它建立起信心。此外，现代建筑否定同任何既有事物的联系，尤其是历史。现代建筑扼杀了全球文化的多样性和独创新，以整合异同的形式暴露出文化单一性和地方精神的失落。

现代主义建筑与人之间不可避免地形成了某种紧张的关系，没有亲和性、实用性向度，没有向真正的使用者敞开。因此，现代建筑陷入危机是必然的。显而易见，任何一种东西，一旦形成思维惯性，形成创作套路，局限于一种风格，它将与审美相悖。任何一种风格或形式，一旦被纳入单一的总体性轨道，它将变为非创造性、肤浅和无意义的东西。因此，现代主义建筑霸权的废退是一种历史必然，现代主义的绝对性终将被打破，而这也是现代主义建筑运动的归宿。

现代主义的几何霸权和拒斥装饰的修辞，不仅没有把建筑引向所预期的那种令人兴奋的新文化和审美境遇，反而丧失了审美情境，并且使建筑陷入不可自拔的线性思维框架和一元论的僵化逻辑之中。概言之，现代经验虽是一种新体验，但它丧失了历史文化情境。

## 二、“少即乏味”的文化原则

从柏拉图开始，西方美学就围绕“美是什么”的问题展开论争；对“美”的关注贯穿古代和中世纪并一直延续到现代。19 世纪中叶开始，随着人类学、社会学及各门具体科学的发展，以及人们对具体文化结构和各种文化现象的研究逐渐深入，文化研究的中心开始发生转移。其中最具革命意义的是美由客观转为主观，美学范畴由一元转向多元。可以说，这两个变化既是西方当代美学的主要特征,也是古典美学向现代美学演进的标志。而对于建筑美的理解,也经历了这种变化。后现代建筑的出现使人们越来越难以找到一价性审美标准,建筑评价也由过去“好”或“坏”、“美”或“丑”的描述转为“有意义”“有味道”等模棱两可的用语。这种转变的原因是复杂的,其中既有资本主义社会异化造成的审美理想、审美观念的转变,也有现代科学方法和原则的影响。与之相应的是,艺术本身呈现出多元化特点。同时,科学与艺术的相互修正促进了后现代社会的来临。

“风格的千变万化已成为建筑文化的高度发展的必然佐证,……风格的多元为建筑语言的表达提供了前提,它是形式的宝藏,是潜在的原料,更足以定义后现代建筑的是不断虚构意义的特征——直接与现代主义的抽象相反。”①1966 年,文丘里针对现代主义大师密斯“少就是多”的一元化原则,在《建筑的复杂性与矛盾性》一书中针锋相对地提出“少即乏味”(Less is bore.)的观点。他认为,“密斯优美的展览馆对建筑具有很高的价值和深刻的含义,但它选择的内容和表达的语言,虽强有力,仍不免有其局限。……大事简化的结果是产生大批平淡的建筑。少即乏味。……能深刻有力地满足人们心灵的简练的美,都来自内在的复杂性”②。文丘里声称,“我喜欢基本要素混杂而不要‘纯粹’,折中而不要‘干净’,扭曲而不要‘直率’,含糊而不要‘分明’,既反常又无个性,既恼人又‘有趣’,宁要平凡的也不要‘造作的’,宁要迁就也不要排斥,宁可过多也不要简单,既要旧的也要创新,宁可不一致和不肯定也不要直接的和明确的。我主张杂乱而有活力胜过主张明显的统一。我同意不根据前提的推理并赞成二元论。……我认为用意的简明不如意义的丰富。既要含蓄的功能也

① KLOTZ H. The history of postmodernism[M]. Cambridge:MIT Press,1988:129.

② 文丘里. 建筑的复杂性与矛盾性[M]. 周卜颐,译. 北京:中国水利水电出版社,知识产权出版社,2008:4.

要明确的功能,我喜欢两者兼顾超过非此即彼"①。文丘里用"复杂"对抗"纯净",以"矛盾"对抗"简洁"。同时,这本书也成为他反对勒·柯布西耶《走向新建筑》的重要文本。

概言之,《建筑的复杂性与矛盾性》一书所传达的基本信息就是:一座建筑能够像诗歌一样,同时蕴含多重意思。诗化思维源于海德格尔,它围绕着人本身的生存,意指诗性思维方式。诗性具有非逻辑、隐喻、象征等特征,故而被视为解决当代生存危机的根本方式。海德格尔反对主体与客体相对立的二元论或主体与客体抽象统一的还原论,建立起一种差异哲学,主张人与物不应保持对立或征服的关系,而应形成一种亲近关系。这种有机联系、亲密融合的观点,对后现代思潮产生了深刻影响。

20 世纪五六十年代正是存在主义在西方盛行的时候,文丘里的观点和主张反映了存在主义哲学和美学向建筑艺术领域的浸润,表示建筑艺术开放复杂的形式。文丘里在费城建造的母亲住宅(Vanna Venturi House,图4.3)就反映出多维表现形式,把不同时期的语言有机地融合在一起。整个建筑采用统一表面,呈现出一种纵深的三角造型,就像古典的山形屋顶,裂开的山形结构可以一直追溯到文艺复兴时期的米开朗琪罗。住宅的入口位于建筑结构的中心,整个表面基本是对称的,造型像孩子画笔下的房屋。同时它又是非对称的,房屋左侧有两个方形窗口,右侧则设置了一扇横过来的长方形窗口。这些窗户的窗框都很窄,几乎消失在灰泥墙壁中,虽然很普通,但是承载了各自的意涵。长条窗似乎借鉴了另一种建筑语言——勒·柯布西耶早期的现代主义。母亲住宅中装饰性的元素是没有任何实用功能的,但似曾相识,它在历史建筑中可以找到来源,如古希腊神庙上的山花、赖特的草原式住宅都被变形使用。

该建筑主要结构采用钢筋混凝土形式,但最为奇特的是它包含多种古典装饰元素的建筑立面。立面由低矮的墙体和巨大的两个坡屋顶形成

---

① 文丘里.建筑的复杂性与矛盾性[M].周卜颐,译.北京:中国水利水电出版社,知识产权出版社,2008:16.

图 4.3　母亲住宅

的三角形组成，这也是应用最为普遍的房屋形象。但这个立面却并不那么简单，因为三角形的屋顶在中间是断裂的。在它的后面，一个从室内升高的壁炉的烟囱形成另一个立体三角形，其中一个三角形的一面作为断裂处的背景。除此之外，在断裂的屋顶下方，还有一个方形的孔洞，而断裂处与方形孔洞之间是一条凸出的细弧线，同样也是断裂。作为早期后现代主义建筑的经典作品，这幢看起来简单而平凡的住宅，无论从平面布局还是立面构图均有深奥的内涵。它承认了建筑的矛盾性和复杂性，处处体现出与现代建筑的决裂与背叛，从而成为后现代建筑的范例。

与现代建筑规整简洁、井然有序的布局不同，母亲住宅在内部空间的接合上表现出相异的一面。这是一座很小的住宅，只有五个可以入住的房间，表现出与大尺度、大跨度的现代主义英雄式建筑的对抗。右侧设置了一扇横过来的长方形窗口，室内空间的划分也相当复杂，充满了倾斜的墙体、曲面屋顶、内嵌式窗户，以及分不清室内还是室外的房间等各种似是而非的东西。文丘里没有按照惯例将五个房间规矩地排开，而是故意将它们挤压拆解，挤进规则平整的空间之中，使得没有任何一个房间保留了舒服规整的平面布局，包括小之又小的卫生间。通过那些不规则的开窗和孔洞，人们对建筑室内的空间分配产生浓厚的兴趣。转到建筑后部，我们却为如此气魄的建筑后立面所包含的小建筑体量而惊叹不已；进入建筑内部，则又可以从中央动感的旋转楼梯和壁炉的设置中感受到家庭的温馨。

事实上，所有这些模糊与不连贯、矛盾与复杂都是有意为之的，它们处处透露着诗意和妙趣，处处透露出与现代主义建筑理性规则、与“少就是多”原则的抗衡。母亲住宅以兼容、矛盾为基础，承认多元化经验，它告诉人们：“少即乏味”。

其后，文丘里在《向拉斯维加斯学习》(1972)一书中更是运用了接近后结构主义的异质语言，强调建筑的多义、不连贯、分裂和矛盾的并存。他用“U&O”(丑陋 Ugly 与平庸 Ordinary)对抗“H&O”(传统的、英雄的 Heroic 与现代的、原创的 Original)。同其他后现代艺术门类一样，建筑也重视独创性和个体性，反对单一性和总体性。

相较而言，“少就是多”体现了现代主义对于宏大叙事、一元论的坚守；“少即乏味”则概括了后现代主义多元化的倾向。“现实不是同质的，而是异质的；不是和谐的，而是戏剧性的；不是统一的，而是各具形态的。”①在后现代社会，各种宏大叙事或元叙事已经受到质疑、抵制或瓦解，多元性逐步建立。

后现代主义理论表现出了对统一整体的颠覆反叛态度，这是法国哲学家让-弗朗索瓦·利奥塔首先启发人们的。在《后现代状况》一书中，他认为人们所处的时代正在经历“各种伟大正统式叙事的瓦解”②。从传统上说，这些正统叙事给文化实践带来某种合理性和权威性。比如，现代科学就是一直通过叙事体为自己建立合法性的。这些叙事往往是综合的，在规定真理条件的同时，把所有知识统合为一个整体。然而，“在后工业社会和后现代文化中，知识合法化的程序是以相异条件的言说来构成的。正统叙事说法已经不能奏效”③。“让我们向统一的整体开战，让我

① 韦尔施.重构美学[M].张岩冰，陆扬，译.上海：上海译文出版社，2006：149.

② 利奥塔.后现代状况[M].岛子，译.长沙：湖南美术出版社，1996：65.

③ 利奥塔.后现代状况[M].岛子，译.长沙：湖南美术出版社，1996：122.

们成为不可言说之物的见证者，让我们不妥协地开发各种歧见差异，让我们为秉持不同之名的荣誉而努力。”①利奥塔倡导的对权威叙事的反叛，得到德里达、罗蒂（Rorty）等后现代主义者的回应。就这样，质疑传统理论一元整体性之真理，成为后现代主义者最基本的态度，他们反叛任何试图涵盖一切的整体性解释。

怀疑是后现代主义者所持的最基本的态度，他们怀疑任何试图涵盖一切的整体性解释。利奥塔认为，即便是“共识”，也已成为“过时、可疑的价值体系”，而知识分子的任务就是去“抵制”这种“共识”。从利奥塔反“宏大叙事”、德里达的“解构主义”和罗蒂的“后哲学”思想中可以看出，后现代主义哲学的共同点就是对西方传统统一元叙事的批判。它反对历史目的论，把后现代视为全球化、世界化的分散叙述。后现代哲学就是要人们关注现实历史的变动性、偶然性、非线性和断裂性的一面，它关注世界的具体性、关联性、多样性和多元化的“形而下”之面目。这种哲学是一种服务于实践领域的具体手段或工具，是一种注重细节与差异的“微叙事”或“小哲学”。后现代美学的真正目的不是要描绘现实，而是“否定”现实、强调“异质性”；宏大叙事的危机包含现代性构想的衰竭。

一般来说，传统艺术的意义与价值是稳定和单一的。古典艺术自不必说，即使是现代主义艺术也强调主观印象、主观表现和无意识流露。但20世纪60年代的艺术运动试图将艺术品消解为一个“文化物”，抹杀主体和客体、艺术和生活的区分——这种倾向在建筑中体现得最为明显。现代主义建筑依靠技术理性，处处表现出对客观真理的不懈追求，建筑结构具有条理性、逻辑性、合理性，向往完美、纯洁、明晰的秩序。后现代主义建筑是实验性、模糊性、混杂性的融合，它起源于“艺术是信息”的观念，并以此反对现代建筑的贫乏与枯燥；其表现手法是综合的而非分析的；它模糊了建筑和自我之间的界限，追求风格自由和自由风格。“后现

---

① 利奥塔. 后现代状况[M]. 岛子，译. 长沙：湖南美术出版社，1996：211.

代建筑的演化性多于革命性，它并不否定现代主义的传统，而是对之做自由的解释，并与之相结合，对其得失予以批判性的评价。它反对简化的教条、个人风格的静态或动态的平衡，反对‘净化’也反对根除所谓‘通俗’的成分。后现代建筑重新肯定了模棱两可、寓巧于拙和风格多元化，肯定双重标准，以便一方面容许通过借鉴历史和乡土风格而面向普通的口味，另一方面又为实际工作者提供特殊情趣的成果。”①后现代建筑把现代建筑融于其中，与之进行评判、对话、竞赛、质疑和戏谑。

## 第二节　后现代建筑的多元主义文化实践

20世纪70年代后现代主义的基本主张是风格的多样性，以及对差异、复杂和碎片化的礼赞。后现代主义在否定一元论的基础上倡导多元化，这与民主自由精神相契合。通过多元理论之间的相互批评、互动和竞争，后现代建筑逐渐实现自我完善。后现代文化允许差异和对抗的并存，流动性为其主要表征。在这里，认同性与差异性、统一与断裂、谱系与反叛甚至都受到了尊重。利奥塔将后现代看作一套价值模式，去中心、多元论、消解元叙事是其表征，那种以单一标准去裁定差异的“元叙事”已悄然瓦解。

### 一、双重符码

建筑既是文化的体现，又是符号的表征。在某种程度上，后现代建筑表现出既此既彼和非此非彼的趋势，这是一种运用不同文化符号展示主体理念的混杂物。后现代建筑既是专业化的，又是大众化的；它以新技术和旧样式为基础强调双重符码，即精英与大众、传统与现代两个层次。这种符码不是从实践中产生的，它也并不关心建筑本身的含义，而只是强调

---

① 帕托盖西. 现代建筑之后[M]//《建筑师》编辑部. 从现代向后现代的路上(Ⅱ). 常青，译. 北京：中国建筑工业出版社，2007：44.

探讨交往传递的某种过程。

事实上,后现代建筑热衷于符号学理论,一方面这是建筑师关注视觉交往理论的结果,另一方面则是符号学理论自身魅力使然。建筑展示图像符号,它是表意的形式。表意的形式从功能推导出符码,并使之扩大外延与内涵,最终形成给定的可交往关系。在建筑符号学领域,形象与实体本身不重要,真正重要的是作为表意形式的建筑符码。建筑符码和其他符码一样是双重统一体,它具有表达形式(能指)——形式、空间、表面等,以及内容方面(所指)——审美含义、图像含义两个层次。建筑的能指可以通过人与建筑的交流产生,因而它是某种功能的产物。建筑的所指包含丰富的内涵,它是设计师与观者之间交流的结果。建筑包含观者与对象之间的空间或图示关系,而它既是实践性的,也是情感性的。由于形象的发展是对象与观者之间的交相反馈的过程,因此可以用符码的方法来表述建筑。

詹克斯把后现代建筑定义为"只有把建筑视为语言,并在创作中具有自相矛盾的二元论或是双重译码才能称之为后现代建筑,也就是说,这种建筑具有多层次性,具有职业性根基的同时又是大众化的建筑,它是以新技术和老式样为基础,是对现代建筑的继续和超越"①。实际上,詹克斯把后现代定性为一种具有瞬时通信能力的大众主义和多元文化的艺术,其用意在于指出现代建筑已经失去群众基础和生命力。在他看来,建筑不仅应该属于精英群体,还应该属于大众阶层。不同文化层次的观者可以共享建筑物所具形式语言的含义,因此建筑艺术就是高雅而流俗、艰涩而通俗、多元而兼收并蓄的融通——其具体形象表现为"一半现代,一半别的什么"。在功用和技术上,建筑要符合当今社会的需求;而在形式上,它则力求与曾经有过的建筑形式沟通。不论是古典的、浪漫的、民间的、前现代的、20 世纪 20 年代的白色"方盒子",以至隐喻、明喻等人们熟悉

① 李泽厚,汝信. 美学百科全书[M]. 北京:社会科学文献出版社,1990:191.

的语言符号，建筑的“接受美学”要求形象与多数人的审美意识相契合。

“双重符码”的符号系统并不专属于高层次文化，因而它与其他艺术一样具有广泛的审美意识基础。这既符合战后个体解放呼声高涨的趋势，又迎合了欧美广大中产阶级的审美趣味。西方古典建筑五种柱式间的关系就是包含对立的综合符码，如简单—繁缛、质朴—精致、男性—女性等。对立是建筑符码的基础，也是其产生的条件，这些符码共同推动了建筑的多元历史，这不是一种必然的精神世界之展开，也不是由某一种话语独自推动的；相反，建筑应该是多样化和复杂的。借用结构主义语言学观念，詹克斯提出后现代主义是非此非彼并存的形式。它是“现代技术”加上“另一种特质”，即“深入民间，面向传统以及大街上的商业俚语”。和现代建筑单一化、非此即彼的排斥性不同，后现代建筑“不是对高级与低级、精英与普通人之区分的抹杀，而是并置，这种并置以各种各样的方式将不同风格结合在一起”，“由于双重符码，建筑艺术既对杰出人物也对大街上的人民说话”①，它以折中主义和平民主义为基础。

后现代建筑以双重符码为设计标准：既要反映传统文化特色，又要具有时代性；既要表现个性，又要为人喜闻乐见。“‘双重符码’风尚的折中：也就是说，乃是既使用现代语法亦使用历史语法的杂交建筑，而且关注其鉴赏力亦关注其时尚感。”②同时，后现代建筑强调设计既要面对过去与现实，又要面对未来。这是一个追求生活真实以及建筑社会功能的过程，也是对人类、对生命体验的符码理解并重新运用符号表达这一解释的过程。正因如此，建筑语言的“能指”超出“所指”，建筑内涵超出审美外延，建筑符码具有多重含义。詹克斯说：“从对符号学研究发展起来的

---

① 詹克斯. 后现代建筑语言（节选）[M]//《建筑师》编辑部. 从现代向后现代的路上（Ⅰ）. 李大夏，摘译. 北京：中国建筑工业出版社，2007：82.

② ANDERSON P. The origins of postmodernity[M]. London: Verso Books, 1998: 220.

后现代主义，注视口味的抽象概念和它的译码，再采纳一种合乎当时情境的见解。"①这就是说，意义并不存于建筑之中；它存在于过程之中，存在于建筑与观者的接触之中，在观者行进的过程中产生意义，即"走起来看"。这样一来，造成了一种中心的转移，即由原来以设计师为中心变为以观者为中心，空间也变成了时间的延续。这从根本上改变了把观者看作消极被动的接受者或固定意义的解释者的传统。

双重符码即折中主义，这是后现代美学的另一个重要原则。在《后现代状况》一书中，利奥塔认为："折中主义是当代总体文化的零度……。由于艺术变为庸俗时尚之物，于是开始迎合艺术赞助者的'品位'。……这是一个僻离而黯淡的时代。然而'什么都行'式的现实（写实）主义，实际上即拜金主义；在审美准则的匮乏下，人们会以作品所产生的利润来评价作品的价值。只要符合流行的口味和需求，具有市场销路，那种拜金现实（写实）主义，就能迎合满足所有的流行时尚……"②折中主义以否定统一的审美标准为前提，它质疑绝对美、纯净美的合法性，为各种各样美的存在提供了生存空间。如所周知，这一美学原则被后现代艺术家广泛运用于艺术的各个领域。

在后现代建筑中最出色的当属詹姆斯·斯特林（James Stirling）的德国斯图加特新国立美术馆的扩建工程（图4.4）。美术馆包含多个古典时期的建筑特色，折中在这里不仅限于古典与现代，还包括结构与平面、技术与传统，以及现代与未来建筑之间形体和语义的冲突。这座纪念碑式的建筑平面呈"日"字形，其中上半部分的"Π"形为一连串相通的展览馆空间，并采用与老美术馆相同的封闭性石墙建筑形式。这也是一圈半开合的展馆建筑，与旧馆形成对应关系。在被半开合的展览馆包围的中心庭院，斯特林设计了一个露天的圆环形广场，让人想起古罗马辉煌的角斗

---

① 詹克斯. 后现代建筑语言（节选）[M]//《建筑师》编辑部. 从现代向后现代的路上（Ⅰ）. 李大夏，摘译. 北京：中国建筑工业出版社，2007：100.

② 利奥塔. 后现代状况[M]. 岛子，译. 长沙：湖南美术出版社，1996：20-22.

场。这个圆环形广场的设计是出人意料的,但它又是似曾相识的。事实上,在德国早期著名的新古典主义博物馆建筑中也曾出现过这种长方形包裹圆形的构图方法,因此人们对这种形式并不感觉到陌生。同时,这个圆形也与老馆中的圆形庭院亲切互望,使新馆在极为大胆的后现代建筑面貌下充满浓郁的怀旧气息。

图4.4　斯图加特新国立美术馆

除了圆形的中庭广场外,这座美术馆最激动人心的设计集中在入口立面处。该立面上糅合了更多、更复杂的风格和元素:从来自辛克尔的布局到古朴的石墙和细部的脚线都是古典主义的;凸现的钢铁结构,不仅被粉刷了缤纷的色彩,而且像电梯间这样极复杂的钢铁架构也被暴露出来。建筑外部采用长坡道加曲面入口的外观形式,石墙面与玻璃顶棚使庄重感与活泼的外形产生强烈的对比,因而颠覆了传统博物馆在人们心中的形象。红、绿、蓝为主的单纯而鲜艳的栏杆作为外墙装饰,而建筑本身则采用保守的样式和近乎原始的石墙以及与主体建筑统一的色调。入口到处裸露着钢架结构的玻璃窗、如神庙般上翘的弧形檐口、暴露真实机器结构的电梯,这一建筑包含多种信息和多元文化的折中。古典主义的线脚与高科技的组成部分相结合,因而更富有嘲弄意味。博物馆折中主义的形象,使它不仅是人们学习、欣赏的场所,也是一个理想的休闲去处,人们在这里可以找到城市的脉络。

原有老美术馆的U形广场被置于一个高台座(或称为“卫城”)上面,高踞于城市交通层之上。但是这一古典基座却暗藏一个真实而又必需的汽车库,它被戏谑地用几块“掉落”在地上的石头暗示出来,看上去就像废墟。为了标明博物馆的永久属性,斯特林运用传统的粗琢和古典的形式,包括古埃及的檐口线、一个开敞的万神殿以及诸段落的券廊。美寓于一种不可言尽和普通的形式中,但它又是建立在现代混凝土技术的基础之上的。折中主义原则在建筑的入口处获得突出表现:一个钢质的神殿的轮廓,表明是出租车的下车处;而一个现代派的钢质华盖告诉人们由此进入。这些形式和色彩是对风格派的回顾,一种完美的现代语言被拼贴在一个传统的背景下。就这样,曾经对立的现代主义与古典主义面对面地站在一起。透过美术馆,斯特林表达了这样的观点:我们生活在一个复杂的世界里,我们既不能否定往日平淡之美,也不能否定当下的技术和社会现实之美。因此,折中主义便成为后现代美学的必然选择。正像詹克斯所说:“‘真正而合适的风格’不是某人所说的哥特,而是某种折中主义形式,因为只有这样才能恰当地包含多元论,而这正是我们的社会和形而上的现实。”①折中主义是多元文化主义在建筑上的具体表现。

“现代已不再承认任何元叙事,不承认任何共同的叙事,也不承认任何功能作用彼岸的超越的东西,这也就蕴含着无情境性。矗立于其他建筑物一侧的长方形建筑物本身,在其形成的时代,即从它成为统一的‘国际风格’以来,就几乎没有被认同过。因为现代……拒绝构成世界历史的那种元历史,所以,现代将自身确立为历史的结束,确立为结束着的新时代,这个时代的凝聚力不再是传统、诗意及宗教,而是它自身、它的权力意志及构造能力。后现代表明,现代的设计已经崩溃。那种‘大师叙事’已

① 詹克斯.后现代建筑语言(节选)[M]//《建筑师》编辑部.从现代向后现代的路上(Ⅰ).李大夏,摘译.北京:中国建筑工业出版社,2007:114.

无人相信。历史的动力将一切封闭的时代、将现代抛在身后。"①从华丽、奢侈的后现代建筑中我们可以看出夸张性和自我嘲弄的趣味性，角色间不断相互冲突这一点让我们想起了利奥塔在《后现代状况》中对冲突的呼唤，他提倡竞争、对抗、语言游戏、决斗式的交流对话。在这种竞争或决斗中，所有角色无论年龄、地位全部平等——没有确定无疑的智慧，也没有权威人物。后现代话语拒绝对社会进行任何总体的和单一的描述。不确定性是针对宏大叙事而言的，宣布社会主要准则的"非法化"，即不再遵循传统和现代主义原则，取消了传统文化，消除了知识的神秘性，消解了权力话语。

后现代建筑涉及个性与主观，以游戏、幻想和怀疑的态度来进行记忆的虚构，它关心的是情境而不是风格。建筑就其反映人们的物质基础和文化思想而论，它是时代的一种表现，表现了时代的活力。后现代建筑通过形体表现和某种感情体验具有浪漫主义倾向，并且通过愉悦提高了人们的生活乐趣。后现代建筑提供了多样化、去中心的叙述，打破了现代主义统一性和整体性之幻想。通过不断呈现出问题的方方面面，通过打破对控制全局角色的单一识别和提供多个对立点，通过不断转移的认同，从而确立了观众的主体地位。后现代建筑注重差异、否定权威，它风趣而充满戏谑，它以玩世不恭的态度展示了极大的包容性。它不否定任何事物，不排斥模糊性、矛盾性和不一致性，因而更加丰富多彩。

宏大叙事的式微归因于20世纪40年代以来科学技术的迅猛发展，它导致原来强调行为结果的理论转换为对行为过程的重视。从精英意识的宏大叙事向世俗意识的曲线渐进转化，建筑展现出了惊人的创造力。后现代建筑的意义从一价转向多重，这显然是对现代主义建筑的挑战。勒·柯布西耶认为建筑应该从严格归类的线条、表面和总体的角度来看待结构；而詹克斯认为这些抽象结构总是处于表达意义的语境之中，而且

① 克斯洛夫斯基.后现代文化[M].毛怡红，译.北京：中央编译出版社，1999：149.

用于理解和解释建筑的符码总是源于多种语境。由于这些符码并非固定或一成不变的,所以建筑也必然具有多重意义。事实上,所有这些都向现代建筑的完整性概念提出了挑战。现代主义建筑师强调建筑意图与表现形式的绝对统一,后现代主义建筑通过探讨风格、形式和结构的矛盾及多重意义表现自己的主张。后现代建筑以自己的形式容纳解读方式的多样性,从某种意义上讲,它预先对自身进行了解读。

"建筑与其遵从技术或风格的统一,不如让它向场所的非理性开放,它应该抵制标准化的同一性倾向……新的建筑必须这样构成:它既与跨文化的连续性适配,同时也与个人环境和社区的诗意表现适配。"①更为重要的是,后现代建筑高度人性化。它不同于任何意义上的宏大叙事,它很自然地由内向外地发出召唤:轻松好玩、平等自由、流动变化。的确,如果建筑仅仅是一个理性计算的结果的话,那它一定很无趣,而一个无趣的世界是没有人性的。所以,我们在兼顾建筑及城市设计中的理想因素之外,应该彰显艺术的光芒,让建筑与城市的空间相互增益,让它们充满激情、闪耀梦想和轻松愉悦。后现代建筑并无任何制造宏大叙事权威地标的企图,它仅仅让生活在周边的普通人夜以继日地领略到充满梦想的生活可以无所不能。建筑激励每一个人,它带给我们的不应是乏味无趣、渺小无助乃至虚假耻辱,而应是热情、希望和真挚的情感。

当然,建筑的功能性表现往往因时代地域的不同、建筑师文化背景的不同,而显出极大的差异。在中世纪,建筑的宗教意义占主导地位;在巴洛克时期,建筑的审美功能是主体;现代建筑中单一的功能性是主流;而在后现代时期,多元化、无中心已成为时代症候。后现代建筑以拒绝现代建筑的一价原则为特征,这种新样式既熟悉又陌生,它结合了古典主义和现代主义的不同风格。双重符码调和了功能与物质的结构、浪漫与审美的感性的关系,具有真正的民主性。

---

① 尹国均.城市的尖叫:后现代建筑图景[M].重庆:西南师范大学出版社,2008:27.

## 二、含混异构

韦尔施说:"后现代是一个告别了整体性、统一性的时代。在这个时代,一种维系语言结构、社会现实和知识结构的统一性的普遍逻辑已不再有效。"①这句话宣告了一个多元时代的到来。在这个时代,即使是权威人士的观点也仅仅被当作准叙事而已,它必须和其他叙事竞争以便得到人们的认可和接受。他们的表述对世界并不具备独特、可靠的意义,与现实之间也没有明确的对应关系,只不过是另一种形式的虚构而已。后现代文化是一种形象的、类象的、片段化的、拼凑式的、"精神分裂"式的文化。对不确定性、非总体性的追求是后现代建筑的根本特征,而这也是破除确定的界线之后的必然结果。

20 世纪初建筑运动以民主、工业化为目标,追求功能主义,以机械形象为模式。其建筑原型在建筑结构、空间表现手法上有简明的理想形象,它不受某个时代、某种文化的束缚,展现出抽象的原型。因此,历史连续性是首先需要排除的因素。现代性对传统的反叛规模空前,它激烈地破坏了之前所有的事物。单一性与普遍性是其内在本质,多元性和特殊性则极度不相容。现代建筑师在对待传统的道路上更是走向极端:1938 年,格罗皮乌斯成为哈佛大学建筑学院院长,他让人搬走了图书馆里所有历史建筑方面的书籍②。时光断裂、传统不在,这就是现代建筑师对待历史的全部态度。

现代主义建筑的非历史态度,割断了同历史文化联系的"无情境性",它以拒绝构成世界历史的"元历史"方式试图在终结历史的同时开创新的"无情境性"、无内涵的历史,即一种不再通过传统、诗意,而是只有建筑自身、权力意志及构造能力的历史,结果使建筑陷入无限真空的尴尬境遇。现代主义运动不仅使建筑脱离了历史,脱离了艺术,而且脱离自

---

① 韦尔施. 我们的后现代的现代[M]. 洪天富,译. 北京:商务印书馆,2008:47.

② 韦尔施. 重构美学[M]. 张岩冰,陆扬,译. 上海:上海译文出版社,2006:153.

然、泯灭个性。现代建筑一统天下,人们在任何地方都不会产生陌生感,建筑完全被“僵死机器的不可穿透性取代”①。现代建筑强调体量和空间,而不是体块和实体;强调规律和规则,而不是轴线对称;注重材料的暴露,而不是装饰的运用。

现代主义风格形成了全球化风格,并迅速吞噬本土文化。现代主义建筑最大的失误在于,建筑沦为纯粹的工业产品。按事物的一般发展规律来讲,现代主义泛滥到一定程度便会产生一套近乎完美和苛求的标准,然后其发展的曲线便会产生波动,而批判这种现象的势力便涌现出来。正如从20世纪60年代开始,在现代主义国际风格的笼罩之下,还是有各异的新形势、新探索陆续出现。如伽达默尔所说,“建筑艺术作品并不是静止地耸立于历史生活潮流岸边,而是一同受历史生活潮流冲击。即使富有历史感的时代试图恢复古老时代建筑风貌,它们也不能使历史车轮倒转,而必须在过去和现在之间从自身方面造就一种新的更好的中介关系”②。这种中介关系造就了历史的连续性,建筑也因而具有了真正的现实性——过去和当下在建筑中联系在一起。

相对于现代建筑,后现代建筑吸取了原有建筑的人文价值,表现出了亲和力。它把建筑从一种冷冰冰的构筑物变成一种富有人情的空间,把社会与自然的隔绝变成了二者之间的交流对话。以往人们认为“简单系统行为简单”“复杂行为意味着复杂的原因”“不同的系统的行为也不同”。然而,混沌学表明“我们的世界是一个有序与无序伴生、确定性与随机性统一、简单与复杂一致的世界。因此,以往那种单纯追求有序、精确、简单的观点是不全面的。牛顿给我们描绘的世界是一个简单的机械的量的世界,而我们真正面临的却是一个复杂纷纭的质的世界”。这种强调复杂性和分形的混沌理论动摇了原有的普适原则。混沌是一种研究复杂的非线性力学规律的理论。混沌使人发现简单可以包孕复杂,复杂也

---

① 格里芬.后现代精神[M].王成兵,译.北京:中央编译出版社,1998:105.

② 加达默尔.真理与方法[M].洪汉鼎,译.上海:上海译文出版社,2004:206.

可以转化为简单。一些似乎毫不相关的东西,在此之下却存在内在关联。混沌学的最大贡献就是使人们从机械论的桎梏中解脱出来,认为世界是有机发展的,是不受决定论支配的。世界是一个矛盾体,是随机性和确定性、不可预知性和可预知性、有序与无序的深层结合。

在混沌学的影响下,后现代建筑师向“人是万物的尺度”这一传统观念发起攻击。他们认为令人满意的建筑没有特定的参数,因为一个成功的建筑应该包含一切尺度的要素。后现代建筑以自身的复杂性和多元性构拟社会形态,在这里混乱与秩序并存、片段与整体共存。在雅化的秩序原则的统率下,建筑被混沌赋予了一种深奥的、有张力的、异质暧昧的美。建筑中的和谐与冲突形式常常表现为令人惊讶的互相自相似和自相异的模式。故而,后现代建筑带有含混复杂的意义构成:空间结构的不定性、主题的多义性、时空线索的随机性。这样,不仅后现代建筑的意义模糊不确定,就连建筑的功能也变得混沌了。

德里达在分析结构主义时,曾经提出过“自由游戏”的概念。其实从席勒开始,“游戏”就具有非凡的超越性和非功利本质。这是因为,游戏否认意义的超验存在,宣扬意义的不确定性,否认形而上学的本源,拆解意义与符号、所指与能指的二元对立。普瑞克斯(Prix)、屈米(Tschumi)、埃森曼(Eisenman)这些具有先锋意识的建筑师在对混沌表现出浓厚的兴趣的同时,也试图推广“游戏”的思维方式。他们试图在秩序与杂乱、静止与运动、确定与变化的对立之间自由选择。建筑以一种漫不经心、随机与即兴的方式把一些异质的形式拼合在一起,在出乎意料的意象组合中传达当代这个瞬息万变的社会所隐含的独特意义。屈米从反类型学角度提出建筑的非功能性理论,由此对建筑的确定性和传统性本质提出挑战。根据福柯、德里达的理论,建筑也可以是多种因素平等、异质的混杂,它可以以一种非建筑的形式来表现。

普瑞克斯和海默特·斯维茨斯基的蓝天组事务所(Coop Himmelblau)名字所要表达的就是建筑可以像云一样变幻莫测的理念。普瑞克斯承认蓝天组的建筑思想受到了弗洛伊德的影响,认为只有当建筑师能够把自己从种种刻板的陈词滥调、形式主义以及技术、经济等条件的限制中解放出来之时，也就是真正自由的建筑诞生的时刻①。“屋顶改造”(图4.5)是第一个为蓝天组带来声誉的作品，这个项目顺应街道与屋顶的关系。传统的条理被表现成线性精神，弧形越过了屋顶并撕破屋顶的开放性，原来的比例、材料或颜色所定义的一切全部被更换了：倾斜的透明玻璃和交叉的金属代替了黑色的屋顶瓦面，开放代替了封闭，分裂代替了完整，构图的破碎代替了紧密，自由代替了严谨，交叉的线条突破了屋顶的固有界限，空间和视觉感受在这里被重新定义。如同自然界中不存在直线一样，物质在自然界中也没有任何固定的形状，圆形、方形、三角形其实只是我们一种近似的理想的结果。蓝天组尤为强调自然形体的存在，他们将自然界和建筑物的基本形体在两个方面进行拆分，并引入变异、扭曲和自由的因素，形体在“拆分”之后变成了各自独立的东西，变成了最基本的体块、表皮和线条，各种冲突的元素服从于多中心而不是一个中心，它们被奇妙地组合在一起。由于形体的变构，建筑不再是基本的、稳定的、可解读的；复杂、动荡、不确定、暧昧、含糊成了设计的基调。

后现代主义反对现代主义所崇尚的逻各斯中心主义，强调世界的多元化和多义性，强调视角的多面性、意义的多重性和解释的多元化。它以差异性对抗同一性，后现代主义的基本诉求之一是打破现代性设置的分界与专业化格局，取而代之的是跨学科、跨专业的话语世界。随着逻各斯中心主义的瓦解，人们对权力中心、权威话语的迷信日渐消除，因而艺术品的意义开始变得模糊暧昧。它不再由创造者所确定，而是产生于艺术家与接受者的互动之中——一切都在变化之中，而作品的意义也是不确定的。后现代艺术开拓出一种多元、活跃、开放的氛围，消解了高级文化与低级文化、大众文化与精英文化、流行文化与小众文化之间的界限。同样，后现代建筑的意义不是其本身就具有的，而是在与观察者的“对话”

① ZHAO F. 沃尔夫·狄·普瑞克斯访谈[J]. 城市·环境·设计，2010(12)：42-43.

图4.5　屋顶改造

中产生的,看待建筑的意义离不开它所面对的人群。

现代主义国际风格建筑中所谓“好的设计”是利用简单的机械方式,把原来融历史文脉、自然风情、传统民俗为一体的生活环境变成玻璃盒子、钢筋混凝土的森林,甚至是以马赛克瓷砖拼贴外观的厕所,使人们的生活环境变得俗不可耐,破坏了“美即生活”的法则。后现代艺术则是混沌多元的,它最重要的标志是等次的消失和界限的模糊。在当今社会,人们生活并创造极为丰富的建筑形式。与现代建筑的理性主义普适原则相比,后现代建筑注重多维开发的形式,它形象活泼、生机勃勃,而且宽容大度,形式远非服从于功能,它服从于空间、功能、形式等因素。质言之,后现代建筑打破了高雅、媚俗、普通的藩篱,展现了多姿多彩的世界。

伴随人们对经典的质疑,在当今社会已经没有任何作品能够拥有权威地位。然而,现代建筑理论却始终视权威著作为标尺,并以此来指导创作。现代建筑追求表里如一、合乎逻辑,主张建筑语言的连贯性,坚持一切都要符合力学性能及结构的逻辑法则。后现代主义建筑正好与现代建筑相反,它不再单纯诉诸建筑语言的连贯性,不再局限于力学的性能与结构,也不再追求单一的逻辑法则,而是追求多元意义。

此外,后现代主义美学还提出了一个全新的“本文”概念。这种“本文”本质上是“不完整的”,它总是与别的“本文”互相交织。从符号学角度看,“本文”属于符号的“能指”领域。“能指”具有一种不确定的含混性,往往在表演、游戏、换位、重叠、变革等活动中展示自身。理解“本文”的逻辑不是那种试图确定作品意义的逻辑,而是换喻、联想、邻接、交叉涉指活动,这种活动恰好与符号力量是方向一致的。“本文”也像语言一样具有结构,但这又是一种开放的、无中心的、没有终止的结构。换言之,它不给观众和读者提供单一的意义。因而在后现代世界中,人们很难区分主流和非主流、传统和非传统、精英和大众。后现代建筑就是如此:它在中心与边缘之间游动,其意义一直是变动不居的。

建筑的意义并不依赖建筑物本身,所有的建筑形象仅仅是一个“文本”,而“文本”本身无任何意义,意义需要经过接受者的主体意识来生发。在后现代语境中,恰恰是这种“无意义”的创作才使它具有多维表现、多重指向的可能。这意味着对作品不再可能只有一种解释,而是具有多种可能性事实,这种多元意义是在“本文”及其解读中得到体现的。

后现代建筑不仅与环境整体建构相关联,还期待观众的参与和对话,并通过对话完成其意义的解读。法国巴黎的拉德芳斯(La Défense)拱门(图4.6)与凯旋门、香榭丽舍大道同位于巴黎古老的中轴线上,现代与古典遥相呼应,相映生辉。拱门具有功能的多元性,两侧和上部是办公区域,两个塔楼的顶楼是巨大的展览场所,顶楼上面的平台还是理想的观景台。如果从传统建筑造型上看,拱门是“不完整”的,它的中部开敞通透,像是一个巨大的框架。但不同角度的美景都可以进入其中,组成了多幅优美的风景画,拱门又起到了框景的功能。后现代主义否定单一、权威的话语,尊重不同的声音。在后现代建筑领域,这种多元对话同样是允许存在的,并受到尊重,其产生的前提是模式的平面化、叙事的微小化及历史的个人化。即是说，只有在消除了权威的、宏大的、深度的话语和叙事之后，多元对话的存在才成为可能。重要的是，多元对话模式允许建筑内部差异和对抗的存在，并且建筑的意义不再由其自身决定，而是延伸到许多相关的体系，延伸到许多不同的联想层次。这就使得人们产生连续不断的新解读，从而在欣赏者、作品、环境之间激发联想，在丰富的内涵外延中不断发现新的可能，不断提出新的意义。

图4.6　拉德芳斯拱门

德里达认为建筑的动机与沟通交流相关，因此他反对建筑对社会的垄断与操控、反对空间霸权、反对非此即彼的二元对立方式。事实上，这是在呼吁差异，强调个性。与信奉二元论的现代人不同，后现代超越了现代的分离和实利主义，居住在表情丰富的后现代建筑中的人们并不感到自己是栖身于充满敌意和冷漠之中的异乡人，他们与建筑间建立起亲情和家园感。“多元对话理论”是一种反中心主义的、从语言霸权中解放出来的新模态，在尊重历史与文化的基础上，以平等对话的姿态反对占有欲和统治欲。后现代建筑语言表述的是人文精神，它是一种相互联系，而非某种支配与限定他物的东西。事实上，它不要支配和压迫，而要自由和解放——它和环境存在着一种自由的、创造性的、象征性的关系。

后现代建筑以戏谑的方式与周围的建筑物竞争，以引发人们的思考。它包含诸如崭新与老旧、崇高与戏谑、革命与陈腐之类的对比性细节，它否认整齐、条理或对称;建筑师们恰恰为获得矛盾冲突的效果而乐此不疲。如利奥塔所言,后现代知识追求"不确定性",拒斥稳定系统和决定论。"后现代知识最为推崇的是'想象力',具有这种不断创新的想象力,就具有了将分离的知识有系统地组合并迅速清晰表达的可能。'想象力可以包容整个后现代的知识领域'。"①正因这种想象力的影响,加上不确定性意味,建筑的意义变得无限而悠远。它永远在与理解者的对话意义生成过程中,后现代主义打破了中心论和专家式的一致性,以更深广的气度包容了不一致的标准。

在建筑方面,后现代主义的特点是:注重公众交流和地方性,借鉴历史,以及强调城市文脉、装饰、表象、隐喻、公众参与、公共领域、多元主义、折中主义,等等。后现代主义试图用它的建筑同各色人等相接近,并广泛采用各种交流手段。后现代建筑特别强调形式的表现,认为现代建筑中那种不证自明、固定的意义和观念都是虚幻的,任何建筑文本以外的内容对形式都毫无意义。20 世纪 80 年代末期,西方建筑领域里出现了解构主义的思潮,它打破了建筑中有关内容与形式的相互关联,否认逻各斯中心论,消解形而上学的二元对立,颠覆统一性和确定性,突出差异性和不确定性。

菲利普·约翰逊否认在功能主义和建筑美学品质之间存在任何联系。以尼采为证,他对道德、功能、材料、结构及所有现代主义时期建立起来的标准加以质疑,并据此建立形式创造的原则。约翰逊为他身后的建筑观念奠定了基础,也就是将历史形式作为纯粹的形式自由进行游戏。形式本身只关注其自身的审美效果,而不注重政治与社会的文脉背景,也不在意顾客的身份究竟如何,因而建筑的审美应该从纯粹形式中获得。如此一来,各种风格的混杂构成了后现代主义。任意洗掠世界艺术宝库、贪婪吞噬任何一种它所遇见的艺术风格,这是后现代文化的特征。这种

① 朱立元. 当代西方文艺理论[M]. 上海:华东师范大学出版社,2002:373.

自由来源于后现代文化的轴心原则,即不断表达和“重塑”自我,以获得自我实现和自我满足。

后现代主义美学强调审美差异性、多元性,反对总体性和同一性。20世纪60年代,德里达推出解构主义哲学,否定意义的确定性,为消解现有的价值准则提供理论基础。解构主义对逻各斯中心主义卓有成效的颠覆和反叛,以及对一切话语现象进行随意评说和反讽的放任自由精神为建筑师提供了借鉴。它把历来为人们所坚持的那些理性准则和建筑教义彻底冲破、粉碎,进行合并和重构。总之,“后现代状况的操作方式是折中主义的,其合理性是碎片化的和偶然的,其符号体系是混乱的和肤浅的”①。后现代艺术崇尚无中心、人人参与、自由开放的行为,只有简单、大致的约定,松散、随机的组织。“这是整个世界的一种状态,这是人人参与的世界的再生和更新。……这种本质是所有参与者都活生生地感受到的。”②

后现代建筑与古典建筑、现代建筑相比较,其时尚化、大众化、流行化、激情性等特征,呈现得非常充分且十分高调。但它俯下的身姿、敞开锁闭的神秘心态以及诱惑的笑容,对精英艺术是一种打击。如果将建筑艺术的个案事件延展到艺术普遍事态,实际上等于迫使人们放弃精英与大众对立的二元论思维,而代之以一种互动论、互补论、功能转化论或本体变异论思维。迈克尔·格雷夫斯善于运用“两项对立”的原则表达多层次的建筑含义,着重考虑空间多重层次、穿插叠加的结构体系和象征性,用各种形态表达多种含义的启示与联想。形象相通是他常用的手法,看似漫不经心,在立面造型中暗含人、人体或面孔,使人想象建筑在笑或是在做鬼脸。格雷夫斯的隐喻很含蓄,主要靠人们熟悉的日常行为来表达,把普遍存在的日常生活与建筑艺术联系起来,美国路易斯维尔市人文

---

①　瓦卡卢利斯. 后现代资本主义[M]. 贺慧玲,马胜利,译. 北京:社会科学文献出版社,2012:27.

②　巴赫金. 巴赫金文论选[M]. 佟景韩,译. 北京:中国社会科学出版社,1996:102.

大厦的立面构图因此生动而有活力。

多元对话的关键是相互修正，建筑的意义不再由其自身决定，而是延伸到环境和想象的其余部分。后现代建筑使人迷恋再解读，并努力激发联想、生发新意——这种无限定的符号性是后现代主义兼容并包的普遍特征。互动参与、合理交往化，哈贝马斯的交往行为理论构建了一个美好的“新理性”图景。人们“通过对话、交往获得具有共识的价值观，通过理解达到合理的意见一致的真理，通过社会阶层的成员之间相互理解、和平相处达到社会和谐的目标”①。在当今多样化的阐释模式背后，有一些基本的、共性的认识，整个社会文化语境转向更加注意作为个体而存在的“人”。在建筑领域，曾经为现代主义所倡导的抽象形式，已经不再是建筑意义的唯一载体，这种远距离的或俯视把握整体的观察角度，与所谓“宏大叙事”一起被后现代审美所扬弃，并自然而然被近距离的、随时的体验所取代。

伴随一套新方法、新规则而来的是理性观念的重要转折，原有放之四海而皆准的、普遍性观念已经被多元化原则所取代。哈贝马斯将这个时期的社会和文化状况称为“新朦胧”(New Obscurity)，说明在当今时代，人们的文化诉求是不明确的和多向度的。纽约文学批评家安德烈亚斯·惠森(Andreas Huyssen)认为，20 世纪 80 年代以后的艺术是“以传统与创新之间、保守性与进步性之间、大众文化与进步文化之间的张力为特征的。然而，人们不再给予后者以优于先者的特权地位，旧的二分法和范畴不再像过去一样可靠地发挥作用，诸如，进步对倒退、左对右、理性主义对非理性、未来对过去、现代主义对写实主义、抽象对再现、先锋派对廉价垃圾”②。其实，他的这一概括正是对哈贝马斯“新朦胧”概念的佐证。人类有对场所、稳定的需求，有对光线、空间序列的需求，也有对有序、清晰的需求，现代建筑所关注的大多是这类需求。一旦这些需求被满足了，人

---

① 朱立元. 当代西方文艺理论[M]. 上海:华东师范大学出版社,2002:370.

② 胡志颖. 西方当代艺术状态[M]. 北京:人民美术出版社,2003:38-39.

们就会寻求灵活性、多义性和差异性，并对建筑的意义功能或所指功能重新理解，后现代建筑十分关心这些。在后现代建筑中，我们可以发现一种新的宽容态度深含其间。

举例来说，建筑中的网格结构可以说是一种神圣秩序，网格代表着理性。不仅西方的古罗马、中国的传统城市布局强调中轴线的对称，注重街道之间的经纬交错，其他文明也都利用同样的完整技巧建立起建筑与城市。同时，这在现代主义建筑中也是老生常谈，它不断地被机械重复。

但在后现代社会，一些建筑师刻意将网格肢解、旋转和变形；解构主义建筑更是将这种断裂性和错位性推向极端。伯纳德・屈米（Bernard Tschumi）设计的拉・维莱特公园（Parc de la Villette，图4.7）是法国巴黎为纪念大革命两百周年而进行的十二个大国庆工程（Grand Prejet）之一，它被认定为第一个解构主义建筑作品。

图4.7　拉・维莱特公园

在这个被称为“世界上最庞大的间断建筑”中，屈米运用蒙太奇手法，分拆碎裂建筑的整一性。与网格结构针锋相对，点格网是拉・维莱特公园的基本特征，它不是作为标志围合空间，而是代表了能量的聚集及随意不连续、形状完全不同的建筑。在120隔间的方格网中，屈米不仅把众多的公共娱乐设施组织起来，还在网格的交叉点上均匀地安排了内容和形状完全不同的建筑。同时，还对整个公园的道路、林荫、绿地、坡道等，按照点、线、面思路做了布局,使之既充满了矛盾和冲突,看似杂乱无章,又出奇制胜,在偶然、巧合、不协调和不连续设计中,把不稳定、不连续、分拆的张力释放出来。屈米对公园建筑的景观性问难,来源于重新定义一切的冲动。将方格网构成的点系统、古典式的轴线系统和纯几何的面系统相叠加,从而形成了冲突、疯狂的结果;有的变形,有的加强,线的清晰被打破,面的纯洁被扭曲,在红色的疯狂建筑中构件相互交叉,非结构的结构、对立体系的嵌插没有韵律,没有综合,没有秩序。“建筑游戏既不是功能(使用问题),也不是形式(风格问题),甚至不是两者的综合,而是不同分析要素——空间、运动、事件、技术、象征等——的可能性结合和排列。”①

这是一个没有清晰含义的公园,它否定了单一的主导含义,在其中看不到与传统建筑甚或现代建筑的任何联系。因而对欣赏者来说,也就没有什么现成的建筑审美经验可以利用,每个人都以不同的方式体验它,并做不同的解释。就这样,建筑成为一种即兴的发挥,一种任意的摆设,一个多意的作品,延伸到环境的其他部分,延伸到许多相关的体系,延伸到许多不同的联想层次。通过对作品的相互修正、连续的再解读,在作品与环境之间激发一种多元连续的效果,是后现代主义兼容并包的普遍特征。

后现代建筑的意义越来越趋于暧昧、模糊与随意。建筑与人之间的距离逐渐消失,二者处于平等对话关系之中。没有人能决定建筑的意义应该如何,建筑不再有统一的范式,多元化不再是简单的几何形式上的多元。从后现代建筑的形象来看,形式已不再“纯粹”。在形成整个建筑意向的过程中,肌理、色彩与几何形式、环境场所等因素综合在一起,没有一个单独的因素可以起绝对主导作用。兼容的方法体现在文丘里的“复杂性与矛盾性”的观点中,它谋求重新定义建筑,拒绝现代建筑把自己看作文化价值源泉的英雄主义姿态,注重节制和适应性,让建筑体现社会的,

① 琼斯. 解构主义建筑的代表作:拉·维莱特公园[J]. 李秀森,译. 建筑师,1991(2):32-35.

不只是其他建筑师的评价和支持,努力根据本身的条件处理每一个问题,反对倾向个人状况的典型的解决办法。后现代建筑尝试把历史的和现代的因素千变万化地组合,企图把建筑从机器美学中解放出来。

## 本章小结

后现代建筑的多元格局是对现代主义奉行的功能至上和纯净样式的抵制,是崇尚宣扬精神意义和多元形式的结果,是时代文化的反映。纵观西方哲学、美学中人本主义思想的流行以及多元化文艺思潮,就不难理解后现代建筑美学的多元趋势。比如,海德格尔反对主客对立的二元论或主客体抽象统一的还原论,他围绕人本体生存提出"诗意的栖居",诗意地栖居是以距离或差异为前提的生存。海德格尔建立了一种强调差异的哲学,主张人与物不应保持对立或征服的关系,而应形成一种亲近的关系。亲近不是融合,而是彼此之间有距离的亲密关联;距离即差异或区别,它暗含多元主义的观点。

总之,"拿来、包容、参与和行动,纵向的拼接,横向的兼容,后现代主义艺术重新组合了被现代艺术压抑的兼容美学观,倡导'杂于一'的非诗、非小说、非艺术门类化的杂烩原则:多级的语言媒介、超级的文学、综合的文体,将不同的艺术、技巧、方法,不同的时空态与生存领域收编、复写进更广阔与多层包容的领域里,以建立起人类新的自我认识"①。后现代主义建筑师不仅颠覆既有文化,还构建新的文化;后现代本身不仅是一种简单的破坏,同时也是一种建设,一种新的异构——各种相互冲突的差异性综合。

现代性所确立的确定性和普遍性的价值体系已经变成后现代的不确定性、多元化和特殊性的价值体系。在兼顾建筑及城市设计中的理想因

① 岛子. 后现代主义艺术系谱[M]. 重庆:重庆出版社,2001:126.

素之外，我们应该充分显现艺术的光芒，让建筑与城市的空间充满激情、闪耀梦想、轻松愉悦。后现代主义主张风格的杂糅多元、模棱两可，它是对现代主义建筑的反驳和超越。同时，后现代建筑高度人性化，它不同于任何意义上的宏大叙事；它拒斥抽象，轻松自由，流动变化，把有序与无序、确定与随机统一起来。

# 第五章　后现代建筑的日常审美走向

现代主义的进展带来艺术的大发展，各种艺术流派纷至沓来，而审美也获得了现代性。现代主义在拒绝传统的同时，创造性地利用了神话。20世纪60年代的西方社会相对稳定，经济、政治、文化在此时发展相对成熟，而中产阶级的价值观念业已成为规范。当审美不再把自身显现为神话而是显现为日常生活时，这就抵达了后现代的门槛。因而，如何破解传统的窠臼和庸常的世俗生活成为关键。后现代主义将历史传统和日常生活全都拉入审美意识，而审美也从非实用、非功利的方向转为消费的形式。后现代审美不仅是一种批判的力量，也是一种解放的力量，它使"美学超越了传统美学，成为包含在日常生活、科学、政治、艺术和伦理等之中的全部感性认识的学科"①。

## 第一节　从居住机器到感性交流

在古典时期，再现性艺术占统治地位，审美力图还原事物的客观真实性，艺术就是日常生活的"摹本"或者"镜子"。康德提出"审美无功利"的命题，他认为主体是经验的根源，认识的根本前提和原则存在于主体自身。受其影响，现代艺术家强调主体性的确立，因而艺术寻求"纯粹性"

① WELSCH W. Undoing aesthetics[M]. London:Sage Publications,1998:4.

和自律。“在本体论、本质论等传统形而上学的影响下，西方哲学专注于社会存在或世界存在的本体根基和本质规定的探索，对社会的研究始终局限于宏观的社会本质、社会制度、社会结构、社会历史和社会事件，而将日常生活世界视为琐碎、庸常、偶然的非本质现象，排除在理论视域之外。”①因之，现代艺术明显带有“为艺术而艺术”的唯美主义基调。从18世纪到20世纪50年代这段时期，艺术与生活之间存在不可逾越的距离。而后现代的努力在于将这种失去的纽带重新联结起来：公共与私有、事物与生活、高雅与世俗。各种曾经的秘密关联逐渐走向公开、合理、平衡，这种平衡并非特定的二元组合，而是具有适度关系。

## 一、距离消弭

勒·柯布西耶在《走向新建筑》中反复强调“建筑跟各种风格没有任何关系”“住宅是用来居住的机器”②。他赞美现代性是技术“进步”的结果，是新事物的胜利，也是美的胜利，这种美是宁静的、生机勃勃的和强烈的。同时，现代建筑更是摆脱过去奴役的胜利，是摆脱传统的胜利。建筑被时代统治着，是按照标准来行事的。建筑师们更是应该从代表着时代科技进步的轮船、飞机、汽车中得以借鉴，使住宅的功用、房间的布置甚至房屋的数量都有固定的标准，并制定住宅指南：向南的浴室、可以进行日光浴的阳台、独立的化妆室、宽大的客厅、设置在底层的厨房等。总之，住宅的功能应该像机器一样明确划分，这样的住宅才是陪伴人们一生的机器工具，是健康的、美好的、合乎道德的。

勒·柯布西耶甚至称自己的代表作马赛公寓（图5.1）为“居住单元盒子”。在他看来，现代人对机器怀有一种情感，这种情感是尊重，是感激。然而事实恰恰相反，在工业社会中，标准化、批量化把人异化为生产

① 宋伟. 后理论时代的到来[M]. 北京：文化艺术出版社，2011：305.

② 勒·柯布西耶. 走向新建筑[M]. 杨至德，译. 南京：江苏凤凰科学技术出版社，2014：13，31，41，51，90.

机器，人逐渐丧失自我，不再是人对机器进行驾驭，而是机器来控制人。现代主义建筑的败笔并不在于追随文明启发的崇高精神，而是在于过度地规划人性需求——对隐私、个性、环境、身份、职业等差异性视而不见，建筑和使用者之间被无形地建立起不可逾越的屏障。建筑以一种疏离的姿态高高在上，并把自己的意识强加给使用者。人不是根据自己的要求来使用建筑，而是按照建筑的功能来限制自身的活动。

图 5.1　马赛公寓

作为一种反抗姿态，后现代艺术家全力介入生活，把自己的艺术生命融入物质文明的创造之中。费瑟斯通认为“在艺术中与后现代主义相关的关键特征便是：艺术与日常生活之间的界限被消解了，高雅文化与大众文化之间层次分明的差异消弭了。人们沉溺于折中主义与符码混合之繁杂风格之中，赝品、东拼西凑的大杂烩、反讽、戏谑充斥于市，对文化表面的‘无深度’感到欢欣鼓舞”①。这不仅给后工业时代的物质文明生产注入更多的精神因素，也使艺术和社会生活融为一体。它标志着人们艺术观、审美观的彻底改变，而观念的改变反过来促使艺术走出象牙塔，直接

① 费瑟斯通．消费文化与后现代主义［M］．刘精明，译．南京：译林出版社，2000：15.

步入生活。

建筑首先要营造一种生活空间,其根本特性是为人的生存活动提供物质、文化的背景,寓含人类活动的各种意义,即具有场所精神。回溯历史,现代主义建筑师创造的空间容器并不带有任何生活的气息,物质生产强加的生活方式和整个环境限制了人的日常活动,人们无法从建筑中体验到使社会内聚的文化,而是感应到物质力导致的趋同性和人的异化。真正的建筑要求建筑师不仅致力于文化创造,还要考虑到人的生活,包括空间特质的创造。其场所性成立与否从根本上取决于建筑是否实现了生活环境的种种意象,取决于人的生存活动反映在环境上的程度。后现代建筑更多地关注空间的场所性,使人在其中不是与环境疏离,而是与之对话。

路易·康(Louis Kahn)提出了"建筑是有思想的空间创造"①,建筑首先意味着空间体验。同时,赛维提出了空间是建筑的主角的命题,而文丘里则为建筑重新定义:"所谓建筑,就是在内部与外部相遇时产生的。"②这充分说明,后现代的建筑思想在一定程度上就是建立在建筑的空间结构基础之上的。建筑既然定位为一种空间美学,它的终极效果就必须围绕内外空间的合理组合、巧妙调度与协调来实现,而不必预先考虑建筑的功能关系和形式要素。建筑具有完全的空间形式,"空间就是那种囊括了所有在空间中存在之物的东西"③。建筑空间的哲学基础是海德格尔的空间理论。一方面,它从艰涩的玄学论辩中推证知觉空间与表现空间的转换关系;另一方面,它以具体可感的建筑实例从内外空间的对照中,注重人的日常活动,揭示主体与空间结构的互动关系。舒尔兹说:"建筑空间仍然都和个人的、公共世界的空间图示有关……因此,建筑空间的

---

① 童寯. 新建筑与流派[M]. 北京:中国建筑工业出版社,1980:142.

② 舒尔兹. 存在·空间·建筑[M]. 尹培桐,译. 北京:中国建筑工业出版社,1990:133.

③ 加达默尔. 真理与方法[M]. 洪汉鼎,译. 上海:上海译文出版社,2004:207.

定义可以说就是把存在的空间具体化。”①

后现代建筑特别强调建筑空间与个人精神和公共世界的关系。它根据人的愿望来组织空间，根据人的感情来创造空间，并体现理想的空间形象。“建筑师的任务就是采取把人特有的形象或理想具体化的方式，帮助找到一个人存在的基础。”②把空间作为建筑中心或主体的审美冲动，至少在使建筑重新回归人性这一点上做出了努力。路易·康认为建筑不必借助任何形式的机器美学，建筑师的任务是以更具匠心的形式创造有意义的空间。此外，他还提出“形式唤起功能”的观点，从而把现代建筑师所轻视和忽略的形式和空间摆在重要位置。

同时，建筑是建立在关联之上的人文秩序的象征，是一种凝聚思想的艺术形式。从一个灵感到一种人类行为场所，再到一个具体空间，整个行为系列形成建筑创作的过程。作为一件艺术品的建筑是生活的创造，建筑师通过选择和构成将人类行为场所转译为环境与空间的关系。在现代社会中，人与人、人与物之间是外在的、“偶然的”和派生的关系。与此相反，在后现代主义中这些关系却是内在的、本质的和构成性的。后现代建筑通过协调人与人、人与社会之间的关系改善了建筑的亲和性，创造出一种与现代建筑不同的人性化空间。后现代建筑师认为空间等级划分是不合理的，因为它完全以个人意志将空间主观限定而不顾以后的其他变化要求，他们要打破这种划定固定空间的思维模式，代之以更随意、更富弹性的空间形式。后现代建筑的空间“既不像中世纪空间那样围合，也不像文艺复兴时期空间那样有古典主义的比例与均衡，更不像巴洛克空间那样带有节奏感和韵律，还不像现代空间那样围绕自由分布的城市空间主

---

① 舒尔兹. 存在·空间·建筑[M]. 尹培桐，译. 北京：中国建筑工业出版社，1990：8.

② 舒尔兹. 存在·空间·建筑[M]. 尹培桐，译. 北京：中国建筑工业出版社，1990：150.

体而流动”①。所以，后现代建筑的空间应该是毫无界限的、开放的和注重感性交往的。

文化多元化立足于文化的差异性和异质性，它以包容的姿态倡导文化的多样性与丰富性。其中，它主要关注边缘文化，并为其合法性做辩护。文化作为一种生活方式，取决于社会人群的分层和区分。在后现代语境下，这种分层和区分早已突破了阶级、民族的区分标准，而代之以生活方式的标准。它弥合了艺术与非艺术、审美与非审美、高雅文化与大众文化、精英文化与通俗文化，尤其是艺术与日常生活之间的鸿沟。通过现象学“面向生活世界”的方法，后期胡塞尔要求“回到事物本身去”，将哲学的目光引向感性直观的生活世界，这是日常生活审美化观念的第一次彰显。

美国新实用主义美学代表人物舒斯特曼在《生活即审美》一书中提出，当今社会艺术审美主要体现在生活领域。后现代美学致力于将艺术从形式的束缚中解放出来，从象牙塔中解放出来，强调日常生活的艺术化和审美化，强调审美观念的无所不在。准确地说，“后现代主义概念不仅仅是由艺术家、知识分子、理论家们在他们各自的领域中，将其作为权力斗争或相互依赖的一部分而加以操纵的一个空洞的符号。它的部分奢望就是去言指上面提到的这些变迁，并且还打算在日常生活实践和广大社会群体的文化实践中，去阐释这些变迁”②。因此，后现代建筑十分注意物象投射的研究，而这尤其体现在建筑风格、艺术观念对人们心灵深处的投射及影响等方面。同时，针对现代建筑距离感的冷漠、忽略意义的弊端，后现代建筑作品的普遍特征就是努力塑造那种可交流的、开放式的和有意义的建筑。

---

① 文丘里，布朗，艾泽努尔. 向拉斯维加斯学习[M]. 徐怡芳，王健，译. 原修订版. 北京：知识产权出版社，中国水利水电出版社，2006：75.

② 费瑟斯通. 消费文化与后现代主义[M]. 刘精明，译. 南京：译林出版社，2000：15.

作为一种文化形式，建筑既要符合大众需求，又要能够超越常规和流俗加以建造。对建筑师而言，对建筑意义的探索是永远的追求。当然，建筑的意义和观念也在不断发生变化。后现代美学认为，艺术的意义不在于对指涉的主题的复制，而是以其表现性激发人们对它进行疑问式阅读。建筑要想获得意义的深度，就必须具有表现的性质，而建筑形象也必须带有创造、发现、整理、组织或探索人类感情奥妙的特征。可以说，后现代建筑转向了对人们个性的尊重，以及对生活的重视。在后现代建筑的“观看”中，人人都是参与者。人们因社会地位等造成的距离暂时消失，彼此之间无拘无束、亲昵接触；一切被金字塔似的、垂直的等级世界观所禁锢、分割、抛弃的东西彼此接触并平等结合。“城市本身就是市民的集体记忆，而且城市和记忆一样，与物体和场所相联。”①因而，建筑师作为城市的设计者，责任就十分艰巨，他们不仅是人民的艺术家，还是艺术的传达者和文化的代言人。

进入后现代社会，西方从对地方、国家和民族的关切转向对日常生活的关注。事实上，以杰出人物治世论为哲学基础的现代建筑运动，到20世纪六七十年代已经失去了群众，也失去了生命力，因而后现代建筑势必取而代之。不过需要注意的是，后现代主义中的“超美学”理论指美学已经渗透到了经济、文化、政治以及日常生活当中，因而它也逐渐丧失了其自主性和特殊性。在此之下，艺术形式已经扩散到一切商品和客体之中，以至于所有事物都成为一种美学符号。

作为后现代文化的一项原则，“渗透”一方面要求各种艺术之间彼此渗透，另一方面也要求艺术、文化和生活的互相渗透。生活经验进入审美经验中，人们用生活感悟替代审美意义，它以情感愉悦为目的，戏谑颠覆了传统社会的理性秩序，削弱了社会机制对人的控制压迫，将解构经典、颠覆传统、张扬差异、追求自由、讽刺嘲笑等娱乐狂欢发挥到淋漓尽致的

① 罗西.城市建筑学[M].黄士钧，译.北京：中国建筑工业出版社，2006：31.

程度。日本建筑师隈研吾为马自达汽车公司设计的M2项目(图5.2),运用了爱奥尼克柱头这古老而经典的建筑语汇,巨大的柱头位于建筑中部,它不再起承重的作用,而是具有实际功能——其内部空间是建筑的公共大厅。柱头两侧的建筑材质有着强烈的反差:左部是颜色沉稳的石墙,右侧是明亮的玻璃幕墙,古典与现代就这样被结合在一起,既迎合了现代社会娱乐化浅表阅读的文化消费心理,也使人在嬉笑狂欢中消弭了生活与艺术的裂痕,建筑主体以多种释义的形式出现。“后现代将主体唯美化,这只不过是以另一种方式否定了主体是一种多向度的能动形式和实践形式,将主体还原为一种非中心化的欲望存在”①,因而刘易斯·芒福德在著作《城市发展史》中倡导城市应该成为表达和实现新人类个性的基本器官。

图5.2　马自达汽车公司的M2项目

古典建筑多为对称和谐的,它在对称性中追求一种强制性的统治倾向,从而迫使个体屈从于主体。现代建筑尽管从形式上打破了以“对称”为核心的古典观念,并发展出“均衡”这一美学原则,然而建筑设计仍然

① 凯尔纳,贝斯特.后现代理论:批判性的质疑[M].张志斌,译.北京:中央编译出版社,2004:370.

是围绕中心、围绕主题进行的。后现代建筑的审美价值在于建筑客体和观赏者双向互动的关系中。后现代建筑打破了精英与大众的界限,在对话的基础上希望实现平等交流。作为建筑的使用者,人不再是建筑艺术消极的旁观者,而是多价信息的积极参与者。只有建筑和个体相融合时,建筑才能对人类文化产生影响,建筑的意义才能真正实现。建筑不再是单纯体积块面的视觉表象,而是自由创造人类生活的审美空间。后现代建筑不再是经济或政治合乎逻辑争斗的产物,而是与人的文化取向和艺术旨趣密切相关——它以情感交流的方式表达并展示历史与时代的脉动。

自然科学、社会科学、文化诸要素的多维性与高度变化性影响着后现代建筑设计,一些建筑师的作品几乎完全表现出个人随心所欲的想象力,或者成为体现个人准则的媒介。后现代建筑是感性与逻辑的结合,它拒斥功能主义与技术至上。后现代建筑借鉴现代建筑成熟的技术手段延伸为一种游戏,它在奉行"游戏规则"下消解深度和崇高感,颠覆传统文本的严肃性和历史感;它背叛建筑设计原有的传统手法,疏离"中心权威话语"而降格成为一种娱乐工具和游戏手段,变成一种"游戏文本",从而彰显出幽默戏谑化的审美风格。它使观赏者或参与者摆脱了受专家支配的被动地位,摆脱了现代建筑对人的控制、净化和约束。关键在于,后现代建筑的包容性、隐喻性与互文性使之成为人与城市交流的媒介,游客可以是闲逛者、探索者或建筑意义的发现者。也正是如此,美国著名社会学家丹尼尔·贝尔指出:"(20世纪)60年代的整个艺术运动试图将艺术品消解为一个'文化物',并抹杀主体和客体、艺术和生活的区分。这种倾向在建筑中最为明显。"①

在后现代社会中,艺术走下神坛、走进生活,而审美定式也变成一个相对概念。后现代艺术是去分化的,它"关注我们身处其中的当下生活"

---

① 贝尔.资本主义文化矛盾[M].严蓓雯,译.南京:江苏人民出版社,2007:131.

(John Milton Cage),“跨越边界—填平鸿沟”(Leslie Fiedler),“这意味着打破艺术和其他人类活动之间的藩篱”①。当古典艺术中的平衡、和谐、优美不再能够唤醒人们审美激情的时候,一切艺术形态都可以自由自在地粉墨登场。后现代艺术以偏离事物的正常位置造成“陌生化”,这种“陌生化”产生审美距离。其目的是使人的注意力更加集中,使原本麻木的习惯性状态结束,进入一个审美新境界。艺术领域中获得的文化自治开始越界进入生活的舞台,而后现代主义文化要求在虚构领域中已经耗尽力量的艺术样式在生活中重新上演。如此,艺术和生活融合,一切虚构之物在生活中被允许出现;文化不再是道德的象征,而是作为一种生活方式。总之,在后现代社会中,艺术不再是受崇敬的对象,而是一种娱乐。同时,艺术的崇高性消解,艺术功能由教育转向消费,而生活本身就是艺术。后现代建筑不仅打破了原有的距离感,也建立起与大众的情感交流。

## 二、感性流动

两千年前,古罗马建筑师维特鲁威提出建筑的三原则:实用、坚固、美观。这涉及“形式”与“功能”在建筑中的关系,世界建筑风潮也始终在这两点之间来回摆动,只是在不同时期侧重点有所不同。中世纪建筑注重建筑的表现形式,而现代建筑倡导“形式服从功能”。第二次世界大战后,语言学、信息论、系统论、形式逻辑学和结构人类学等学科为建筑师打开了思路,也提供了新的方法。在当前建筑文化自身发展的递进关系中,越来越多的建筑师更愿意寻找浪漫主义与功能主义的契合,因此“形式”与“功能”的矛盾开始调和或淡化。在建筑中,“符号”是一个包容性极强的概念,它包括对建筑直接的使用与感知作用两方面。一切建筑设计活动无论其初始意向与终极结果如何,都离不开对这两种方式的思考。

现代建筑发生的基础是工业革命所取得的巨大成就,它是建立在现

---

① BERMAN M. All that is solid melt into air:the experience of modernity[M]. New York:Penguin Books,1998:42.

代科学技术及工程学的坚实基础之上的。在现代国家强有力的制度操纵下，为了高效和节约的目的，建筑从不虑及人的因素，因而显现出非人性倾向。在理性的作用下，现代建筑在推动现代文明的同时，却泯灭了人的个性和主体尊严。现代建筑中玻璃大面积的运用，旨在追求透明的社会理想，即某种理想式全面的开放。在那里，人与自然、外界、他人、整个社会全面开放，建筑试图将个人融入社会。20 世纪初，第一代现代主义建筑大师格罗皮乌斯和包豪斯学院的"方盒子"风格已占据世界建筑的主流位置，它巨大的非人性尺度，钢铁、玻璃、钢筋混凝土、电梯所造成的冷漠的城市空间使人厌恶——它使人感到人性的异化和意义的危机。可以说，现代建筑强调平等，却忽略了自由与个性。

1972 年 7 月 15 日被称为"现代建筑的死亡日"。这一天，按照国际现代建筑协会"最先进"理念建成的美国密苏里州圣路易斯城中的低收入住宅区——普鲁特艾格住宅区被炸毁。该住宅区曾在 1951 年获得美国建筑师协会奖，这一邻里单位群有公园、步行街和小区商业服务店，一切都是根据现代化城市标准规划的。它具有相当强的实用功能，内部结构合理，设计施工方式先进。它以理性和实用原则体现"阳光、空气、绿化"这都市生活的三要素，刻意暗示医院般的健康和洁净的环境，希望引导当地居民保持和谐的秩序。该住宅区分离了住家和街车，并为此建立起独立的空中通道，但却增加了暴力和盗窃的犯罪机会。这批像蜂箱般的 11 层大型住宅楼，以简单的工业材料、预制构件、混凝土、玻璃和钢材为中心，有无穷无尽的走廊过道，有单调重复的宏大建筑空间，但过分强调实用功能，导致缺少变化。关键在于，它否定装饰，完全忽视人性的欲求，而这也是引发居民反感的主要原因。英国历史学家大卫·哈维(David Harvey)认为该住宅区的炸毁预示着"理性化的现代化设计方法有助于促进社会或种族的平等这一信念的崩溃"①。

---

① RAIZMAN D. History of modern design[M]. London：Laurence King Publishing Ltd.，2010：366-367.

事实表明，建筑规划与设计都不能脱离具体实际情况，要注意人与环境之间的情感交流，生搬硬套抽象的理论只能处处碰壁。如果没有居住于其中的使用者充分的亲身体验和感受，设计所反映的仅仅是建筑师以及城市规划师的观念。

也就是说，功能不应该是建筑的唯一标准。随着现代建筑的发展，现代主义运动的主将密斯转而批判功能主义，他说"建筑物服务的目的是经常会改变的，……我们要把沙利文（Sullivan）的口号'形式服从功能'倒转过来，去建造一个使用和经济的空间，以适应各种功能的要求"①。

作为一种艺术形式，建筑不仅强调功能问题，还需要为追求艺术而存在，为社会用途而艺术。当建筑追求自身价值时，它不但超越了平庸和同质化宿命，而且也超越了烦琐的主题，并且拥有了一种场所意义。因此，建筑要从一切工具性依附关系中分离出来；它不仅与理性有关，还同感官有关。建筑的最终目的是为人类服务，因此作为人类各类活动的场所，建筑必须表现出人性化因素。把建筑从冷漠的构造物变成富有情感的空间，把与自然和社会相隔绝的场所变成与外部展开对话交流的空间，使建筑重新获得场所感和归属感，这是后现代建筑设计的目的所在。

普罗泰戈拉说"人是万物的尺度"，这的确使人获得了尊严和权力。然而，在现代技术统治的庞大社会结构中，人们逐渐失去了安全感和自我价值感。进入后现代，当认识到自己只是自然的一部分而非主宰时，人们开始强调生态区域主义——一场通过提高人们对区域的生态、文化、经济特点的认识来培养"活得惬意"的感觉的运动。产业革命催生了一个崭新的阶层——中产阶级。它不断发展并逐渐成为主流，最终促使社会主流审美趣味发生重大变化。事实上，现代主义就是伴随城市中产阶级及其代表的工业革命、大机器生产和标准化生产而出现的。

那么，后现代社会中主体何在，自我何存？"在后现代社会，'自我'

① 刘先觉. 现代建筑理论［M］. 北京：中国建筑工业出版社，2002：4.

成了实在的中心，显得格外神圣，其实，自我只是社会构建——种种分类、姓名、描述、面具、事件和经历的集合——一系列复杂的不断变化的抽象物。进入这些抽象物的混沌之中，我们触及一个魔法之地，在那里，我即'非我'；或者，只要你愿意，自我也可以是世界的自我，只是更大、更混沌。"①后现代反对现代性以主观性为核心，而代之以一个注重感性、多重意义的自我。

人类社会不断地由低级阶段向高级阶段发展，而社会生活也随之由单一走向丰富和完善。社会生活需求的多样性，社会阶层的分化，人们的文化素养、生活习惯的改变都会影响建筑观念，建筑与人的关系也变得更加复杂深奥。从现代建筑挣脱学院派教条的禁锢，到现代主义的自我完善，以至20世纪下半叶后现代建筑思潮的涌现，都集中反映了建筑观念中"人"的概念的发展。即由以生理规律为依据的抽象的人演进到以社会文化为依据的具体的人——它反映了人的主体意识的不断觉醒。

现代建筑以"功能至上"作为基本美学思想，在风格上主张推新，反对套用任何已有的样式，重视建筑形式与内容的统一，简洁处理建筑造型，废弃表面无用的浮夸装饰。现代建筑师认为建筑美表现在设计的合理性和逻辑性，以及空间和体量构图中的适宜比例及表现手段。在处理建筑形式方面，现代建筑强调建筑的容积量和通透性，通过简洁明朗的组群格局构成千篇一律形式化的格局，完全漠视了人的个性与自由。

"现代的感受主要是推论性的，它使言词优于意向，意识优于非意识，意义优于非意义，自我优于非自我，与此相反，后现代的感受是图像性的，它使视觉感觉优于刻板的语词感受性，使图像优于概念，感觉优于意义，直接知识模式优于间接知识模式。"②哈桑强调后现代艺术是一种行为和

---

① 布里格斯，皮特. 混沌七鉴：来自易学的永恒智慧[M]. 陈忠，金纬，译. 上海：上海科技教育出版社，2001：56.

② 凯尔纳，贝斯特. 后现代理论：批判性的质疑[M]. 张志斌，译. 北京：中央编译出版社，2004：197.

参与的艺术:观者参与创作,解读不再单一。后现代艺术是开放性和互动性的,读者会在对文本的解读和阐释过程中进行文本的再创造。观者对后现代建筑的解读也是如此,人们会在解读过程中赋予建筑以新的意义。事实上,这也是一个再创造的过程。在某种程度上,后现代文本期待读者参与创造。也正是因为这样,后现代建筑才放下原来高高在上的姿态,表现出平易近人的亲和力。当然,读者的参与和再创造使得后现代建筑艺术呈现出一种未完成状态。换言之,后现代建筑正是在观者的参与和再创造过程中探索艺术乃至生存的真理。

后现代建筑最突出的特征是其建筑结构和设计建立在现代技术的应用之上,却又杂糅着古往今来不同的建筑风格、模式和语言,显得顽皮、离奇、不拘一格;另外,通过这种不经意的、感性的杂糅拼贴,后现代建筑突破了高雅与世俗、艺术与生活、经典与流行的界限。由瑞士建筑师皮埃尔·德梅隆(Pierre de Meuron)、雅克·赫尔佐格(Jacques Herzog)和中国建筑师李兴钢等人共同设计的北京奥运会主体育场——国家体育场“鸟巢”(图5.3),位于北京城市古老中轴线的北端,与南端的国家游泳中心“水立方”一圆一方、一动一静、刚柔相济,传达出中华文化中天圆地方的宇宙观和阴阳互补的哲学思想。建筑表皮由树枝般交错的不规则的钢材组成,貌似断片离散、杂乱无章,然而各个组件相互支撑,构造独特,空间简洁,传递着清晰的建筑理念。“鸟巢”造型新颖别致,流动变化的弧线组成了律动的生命,似一团激情肆意的火焰,寄托了人类对于未来的无限憧憬与希冀。“鸟巢”更是一个开放的建筑,看台没有主次之分,所有方向都可以快捷进入,所有朝向都同等重要,所有的位置都让人感到舒适,处处追求平等的视野、为人民的设计。事实上,“前卫与精英是有区别的,前卫只要求充当时代的带头人,因为他们要将群众提高到他们的意识水平,之后他们作为前卫便重新融合于群众之中。因此,前卫只是暂时的、代理的精英,一旦完成他们的使命,他们便将自己消融在群众之中。而精英意识的出发点却在于:精英总是作为一个历经选择的团体而保持着,这是由他们至关重要的地位所规定”①。后现代建筑从不宣称自己是精英，也从不标榜自己前卫。一座建筑的意义并非由建筑师所规定，而是由所有建筑语言的参与者——建筑的读者、客户、建筑使用者、路人等共同决定，他们和建筑师一起共同担负着创造建筑意义的使命。

图5.3　国家体育场——“鸟巢”

后现代建筑借助个性情感，试图避免现代性带来的恐惧与疏离。它对传统的颠覆意味着取其精华，去其糟粕，它以一种新的方式涵括了共有、自由和平等的理想。在一定程度上，现代建筑拒斥人们与历史、环境和他人之间的内在关系，后现代却对这种内在关系保持感受和认同。在后现代主义者眼中，没有自由和平等，就没有真正持久的共存；没有共存和平等，也就不会有真正持久的自由。

## 第二节　从功能至上到有机建构

现代建筑之前，在注重功能的同时，装饰元素被广泛使用。比如古希腊建筑中的柱式、古罗马建筑的苍穹顶、中世纪教堂的肋拱与玻璃花窗、

① 科斯洛夫斯基. 后现代文化[M]. 毛怡红，译. 北京：中央编译出版社，1999：20.

巴洛克和洛可可建筑上的浮雕,其作用在于使建筑具有合乎功利目的的美感形式。不过自18世纪以来,人们对建筑装饰的抨击远多于对它的赞扬。到了20世纪初,玻璃、钢筋和混凝土等现代新型材料的运用,使建筑可以像其他产品一样大批量生产,建筑也越发地强调使用功能了。但现代建筑忽视人的精神作用和心理功能,因而是不完整的"功能主义"。到了后现代时期,建筑不但要满足基本的居住需要,还要使人精神愉悦,给生活增添乐趣,达到使人欢愉的目的。

## 一、装饰的回归

建筑作为一种实用性空间艺术,它与世界的从属关系是其本质。现代建筑倡导功能主义,反对装饰,反对复古,一切从实用性、合理性和经济性出发,因而建筑物呈现出简洁、规整与统一的形象。现代主义建筑语言追求精炼,在满足基本使用功能后再无累赘:朴素建筑是适合现代设计的唯一形式。以柱网为基本要素的现代建筑,由于形体简单,在结构与建造上似乎没有什么区别。在勒·柯布西耶"建筑是居住的机器"、密斯"少就是多"等观点的倡导下,现代主义建筑以材料的本来面目示人,它剔除了一切装饰性元素,鳞次栉比的高楼大厦面貌极为相似,人们穿梭在一个又一个"方盒子"之间。纵观历史,现代建筑首次成为服务全体大众的艺术,它是工业化批量生产的商品,它为我们提供了人、技术、艺术之间和谐发展的道路。不可否认,现代主义建筑作为工业文明的标志在建筑史上留下了一座座丰碑,它在实践中确立的创作原则在今天仍被人们借鉴。不过现代建筑在追求自身含义的同时,却忽略了人的多层次、多向度的需求期待。从哲学上说,现代主义建筑的总体特点表现为技术崇拜、技术决定或机器美学。在建筑的形式和功能的关系上,它主张"形式服从功能",甚至把功能看作建筑的唯一目的;在风格上,现代建筑追求简洁的几何形式,否定建筑的文化传统。现代建筑师试图通过对装饰及相关信息的回避来达到与传统分离的目的,并希望通过建筑展现新的美学原则。

勒·柯布西耶是20世纪20年代到60年代现代主义建筑运动中举

足轻重的人物。在《走向新建筑》一书中，他嘲讽墨守成规的建筑师依旧坚持19世纪各种令人窒息的过时风格。他认为传统建筑和房屋的室内设计正在毁坏人们的健康与精神面貌，因为这些房屋有太多的装饰，烦琐的正面、壁柱、铅板屋顶，其表面喧宾夺主。他尤其不喜欢传统建筑对表面效果、装饰和象征性东西的依赖，他认为这种效果毫无形状、混乱而随意，以至于"对人类是如此不恰当"。在他看来，所有这些令人窒息的"雅致"，以及"相对艺术"的种种行为，都是一种过时的精神，一种令人难以忍受的见证，这种装潢艺术并不是即将出现的新现代建筑的一部分。

在现代主义建筑师看来，建筑物应该与各种基本的形状和体积所形成的普遍自然规律相一致。这样的建筑才是合理的、有意义的，而且是经济实惠的。只有剥去建筑的装饰语言，显露出原始的"人类语言"——几何形状，建筑才能成为一种纯粹的精神创造。勒·柯布西耶说："建筑是那些在光线下组合起来的体的精妙、恰当和出色的表达。我们的眼睛是为观看光线下的各种形体而生；光和影展现着这些形体：立方体、圆锥体、球体、圆柱体和棱锥体是光线能够充分展现的重要的形体；这些形体的形象对我们来说是非常明晰、确定，毫不含糊的。基于这个原因，它们就是美的形体，最美的形体。"①事实上，勒·柯布西耶的这段话几乎成为现代主义建筑运动的座右铭。的确，人们创造了现代主义建筑，依靠的不是装饰的多样化，而是基本形式组合的多样化。

《走向新建筑》一书始终赞美基本的几何形体，它以几何图形的标准为指导，宣称"纯净的形体是美的形体"。它崇尚简约，认为建筑美的基础在于构造的合理性与逻辑性。正因如此，欧洲的理性主义（Rationalism）或称"功能主义"（Functionalism）的建筑，无论在什么地方，一概以清一色的整齐的平屋顶、规则的带形窗、划一的方盒子形式出现，所以后来被称为"国际风格"（International Style）。国际式建筑因其比较

---

① 勒·柯布西耶. 走向新建筑[M]. 杨至德，译. 南京：江苏凤凰科学技术出版社，2014：32.

注重建筑的经济性和社会性，以施工装配化、部件标准化、讲求实效化而风靡一时。在20世纪五六十年代，世界各地轻质幕墙大楼的外形有显著的相似之处。它们大都是轮廓整齐的简单几何形体，或板式或方形；立面上，除了底层和顶层外，几乎全部是上下左右整齐一致的几何图案，尽管颜色和细部存在差异，但整体风格却是一致的。

这场国际主义的运动使得建筑将勒·柯布西耶的“国际现代建筑协会（CIMA）”的理论在世界各地得以理想化地实现，它强调一种单调、冷漠、标准化和无个性的功能主义风格。总之，“现代主义一向反对装饰，现代主义的基本原则之一就是反装饰，因为装饰造成不必要的额外开支，从而使大众无法享用。所以装饰主义在现代主义时期是一种被视为敌人的因素而反对的……”①。然而，当现代主义建筑师摒弃建筑装饰物时，这种单一设计又不知不觉地成为建筑的“装饰”，这种“装饰”是通过材料自身的结构来显现的。这些没有过多装饰、形态简单的大楼表现了工业革命以来经济和技术的成就，它们是在检验工业化的成果。

几何外形是建筑向20世纪初的现代主义绘画，尤其是立体主义学习的结果。现代建筑师用一套象征符号“立体派—工业化—规划”代替了“浪漫主义—历史化—折中主义”符号系统。不过，现代主义建筑“由于蔑视象征主义和装饰而造成的表现方式的更替，导致建筑的表达成了表现主义形式。……为了替代装饰物和表面符号，现代建筑师便沉溺于变形和过多的表述”②。因此，现代建筑追求极简主义。它致力于削减内容，倡导简洁的建筑处理手法和纯净的形体，反对外加的烦琐装饰，以致建筑的外表越来越贫乏；它迷恋于机器和工业生产的理性；并且讲求环境纯粹，“纯净”是其第一要素。在这些建筑中，色彩被降到最低限度，它甚至只采用黑、白、灰几种色调，从而使城市景观显得单调沉闷。就这样，毫

① 王受之. 世界现代设计史[M]. 北京：中国青年出版社，2002：324.

② 文丘里，布朗，艾泽努尔. 向拉斯维加斯学习[M]. 徐怡芳，王健，译. 原修订版. 北京：知识产权出版社，中国水利水电出版社，2006：136.

无差别的工厂城、大学城、写字楼和公寓楼比比皆是、千篇一律。

“在现代主义建筑师看来，装饰给建筑包裹了某种与其性质相异的东西，因而是令人害怕的对象。需要注意的是，现代建筑的几何霸权和拒绝装饰的修辞，不仅没有把建筑引入一种现代主义者所期望的那种令人兴奋的新文化和新美学境界，反而导致了建筑审美情景的全面丧失，并且使建筑陷入不可自拔的线性思维和一元论的僵死逻辑之中。因此之故，建筑不能以数学理想作为其根本范式。后现代建筑就是要打破数学的桎梏，它要追求鲜活的、有意义的东西。功能性与纯粹性这两个经典的现代准则，其精神本质上都是数学的。在一定意义上，对于追求同生活保持协调的建筑来说，这两个原则是矛盾对立的。美国建筑师斯特恩认为，后现代主义建筑的主要特征之一就是采用装饰。不仅如此，它甚至还重新引进了现代主义一直试图清除的装饰华丽的绘画般的建筑成分。”①因此，后现代建筑注重地方传统，强调借鉴历史，同时对装饰感兴趣。

在一定程度上，现代建筑坚持“装饰即罪恶”“少即是多”的纯粹主义，几乎把曾经在建筑美学上占据重要地位的装饰趣味扫除殆尽。实用主义在现代主义建筑中占统治地位，因而建筑的形式、平面布局和空间组合都要以功能作为前提。“形式追随功能”是现代建筑的口号，“功能至上”是其推崇的美学原则。“功能”是现代建筑师强加给大众的“元叙事”。现代建筑在不同层面上表达了统一性和本质意义。赖特在 1919 年写道，现代建筑将是“一个有机统一体……不同于以前那部分……是一个巨大的东西，而不是许多微小的东西的堆积”。与此类似，格罗皮乌斯也强调现代建筑“必然是忠于自我的，逻辑上透明的，不含任何虚假和浅薄的东西”②。

现代主义认为“新艺术”运动崇尚的是花里胡哨的外表形式，那些繁缛的装饰纹样只是与建筑、产品功能无关的附加物。功能是建筑设计的

① 陈晓媛. 回归装饰的后现代建筑[J]. 艺术评论，2015(5)：123-126.

② 康纳. 后现代主义文化[M]. 严忠志，译. 北京：商务印书馆，2007：106-107.

中心和目的,建筑师讲求设计的科学性,注重技术性、便利性和经济性。在沙利文的“形式追随功能”基础上,赖特则向前发展了一步,变为“形式与功能的统一”。事实上,“功能主义不相信表面的世界,而是要追究世界背后的那个功能世界。只有当事物本身被突破之后,事物的本来面貌才在其功能世界中表露出来。功能主义对非本然性持有一种虚无主义的推崇。在它看来,具有潜在功能的背后世界比事物的表面更现实,事物的内涵只是假象,在其背后隐藏着功能的真理。但是,在承载功能的无限等值承载者中,功能的含义究竟是什么？功能主义无法回答这个问题”①。在许多现代建筑中,过分地强调功能主义,功能被看作唯一合理的东西。这样,建筑就放弃了装饰性的审美,屈从于标准化的大批量生产及经济低廉的效益原则,堕落为千篇一律的“方盒子”。

不过这种对于装饰的排斥,当然也受到了许多学者的反对。如伽达默尔(Gadamer)所言:“建筑不仅包括空间造型的所有装饰性观点,甚至装饰图案,而且它本身按其本质也是装饰性的。装饰的本质正在于它恰恰造就了这双重中介,它既把欣赏者的注意力吸引到自身上来,满足观赏者的趣味,同时又把观赏者从自身引进它所伴随的生活关系的更大整体中。”②然而,一种更为深刻的对功能主义立场的批判是由德国哲学家恩斯特·布洛赫(Ernst Bloch)提出的。他主张超越功能主义的需要,重回“有机装饰”,“在真实的人类环境中萌生一种尝试”③。

随着现代主义建筑大师们的相继离世,在新的社会与教育背景下成长起来的新一代建筑师开始崛起。文丘里主张建筑就是要装饰,认为“建筑是带有装饰的遮蔽物”,建筑的装饰外表可以不与内部空间发生关系,

---

① 科斯洛夫斯基.后现代文化[M].毛怡红,译.北京:中央编译出版社,1999:113.

② 加达默尔.真理与方法[M].洪汉鼎,译.上海:上海译文出版社,2004:208.

③ 克鲁夫特.建筑理论史:从维特鲁威到现在[M].王贵祥,译.北京:中国建筑工业出版社,2005:330-331.

同一平面可以有不同的立面；正因为有装饰，建筑才有个性、象征，才不同于构筑物。文丘里在《建筑的复杂性与矛盾性》一书中提倡综合使用装饰符号来反对功能主义。他首先从形式上挑战现代建筑，“形式与功能，形式与结构之间的对应模糊而不确定”；形式“以一种矛盾的方式服从功能；实体服从结构功能，外形服从空间功能”①，并从设计实践中来为自己的理论提供证明。

文丘里强调，建筑物的装饰无须是该建筑的有机组成部分，它不必是一个整体，既可以是零散的只言片语，也可以是对传统图像的拆解。这样，才能使建筑更加通俗化，更为民众所喜欢；而形式本身的价值得到延展，也不再囿于功能的束缚。在《向拉斯维加斯学习》一书中，文丘里明确表露出要在建筑中加入装饰，赋予建筑象征意义的观点，并提倡使用一些富有时代象征意义的装饰符号。“由于披上了历史风格的外衣，建筑物因此能够唤起直接的联想和对历史浪漫的隐喻，以传达文学的、民族的或者标题性的象征意义。把建筑看作服务于规划和结构的空间和形式是不够的。学科重叠也许冲淡了建筑学，但却丰富了其意义。”“意义不是通过引用已知的形式，而是通过形式的内质和外观进行传达的。”②在文丘里看来，一些富于时代感的装饰形象就是代表时代精神的符号，也是人们识别不同时代建筑的重要参照物，而这些符号有助于人们对建筑的理解。文丘里强调建筑的复杂性与矛盾性，经常通过诙谐的手法来强调构图规律。为了突出建筑，他常用装饰性束带或装饰性母题。

后现代主义强调反叛与超越，它对装饰的重视是与现代建筑的轻蔑态度相对立的。这类建筑主张采用装饰达到视觉的丰富，提倡满足心理需求而不仅仅是单调的功能主义中心；装饰既有结构上的功能，也有信息

---

① 文丘里. 建筑的复杂性与矛盾性[M]. 周卜颐，译. 北京：中国水利水电出版社，知识产权出版社，2006：35-36.

② 文丘里，布朗，艾泽努尔. 向拉斯维加斯学习[M]. 徐怡芳，王健，译. 原修订版. 北京：知识产权出版社，中国水利水电出版社，2006：7.

传递和审美方面的功能。在装饰的使用上,后现代建筑除了采用历史主题外,还创造性地使用图像,表达了对传统的更新。装饰的倾向性主要表现在非功能性形象、完全为装饰而装饰。因此,装饰美学成为后现代建筑反对现代主义的一面旗帜。

此外,为了使建筑标新立异、张扬醒目,后现代建筑师们还大胆使用色彩进行装饰。作为高技派的代表性作品,法国巴黎的蓬皮杜国家艺术和文化中心(Le Centre National d'art et de Culture Georges-Pompidou,图5.4)由意大利人伦佐・皮亚诺(Renzo Piano)和英国人理查德・罗杰斯(Richard Rogers)设计。大楼有意暴露钢结构框架及种种设备管道和缆线,并用鲜艳的颜色加以功能区分:红色代表交通设备、蓝色代表空调管道、绿色代表给排水管、黄色代表电气设备。另外,格雷夫斯1994年在日本建成的KASUMI研究培训中心是一座大型组群式建筑,包含了多种功能的使用空间建筑群,建筑师通过建筑外部不同的色彩体块加以区分。一方面,它与主体建筑形成风格上的统一;另一方面,也有利于人们的识别——各个功能区的形态不仅极易辨别,甚至还增强了访客的兴趣。

图5.4　蓬皮杜国家艺术和文化中心

后现代建筑不只是功能作用与结构,而且是交流的手段。后现代建筑要表达自己的信息,建筑物不仅要表达其确定的意义,还要表现并具体化其潜在功能与意义。后现代的建筑比现代功能主义建筑有更丰富的内涵，它从现代立体几何形式及功能决定的造型恢复到对形象及画面的表现，使装潢与精美的修饰、象征性的及符号式的表达方式又回到建筑物之上。传统建筑中的许多装饰，如柱头、雕塑并没有太多实用功能，但起到了美化的作用。但在现代建筑中，人们禁止建筑物有多余的装饰，要求整个建筑的透明性和纯粹性。在后现代建筑中，曾经被拒斥的装饰又开始回归。于是，一个成功的建筑可以同时将自身融入它的使用者、环境、建筑者及其装饰语言与感性图像之中。

## 二、时空的接合

现代建筑的物性和功能层次清晰而完善，处处表现出同时间的断裂、与历史的分离。而后现代建筑师则把建筑重新放入时间的长河，努力探寻和表现的是人类永恒的记忆和历史的回声，他们要在建筑中表现历史化的建筑表征，展示某种原型意象和理念。

在此之下，新与旧成为建筑中一种和平的、非抗争性的、共存的事实。从 20 世纪 70 年代中期起，文丘里就告诉人们不要拒绝历史。他那矛盾含混的建筑语言渐渐为人们所熟悉，他对历史传统的循环使用也受到了广泛重视。文丘里认为现代建筑注重抽象派艺术的单纯，而忽略了华美和模棱两可；他竭力倡导传统元素的使用，并阐述借助历史式样来组成建筑的原则。从古希腊到当代，从土生土长的建筑到复杂的文脉、各种异质的风格被接合关联在同一结构中，文丘里的成就不仅来自适度采用文脉资料，而且来自对传统要素的合理使用。

现代主义建筑否定既有的历史传统，极力展现与过去毫无关联的、完全崭新的建筑风貌。后现代主义是对现代主义的颠覆和重构，是对历史传统的重新认识与肯定，但又不是简单的拿来主义。在这里，权威丧失、机构瓦解、传统被侵蚀，而历史被重新界定。在后现代建筑中，“传统的要素代表演变发展的一个阶段，它们在改变的用途和表现形式中含有某些旧的以及新的意义。所以说旧要素与双重功能要素是并行不悖的”，“建筑中还有传统,而传统则是另一种特别强烈,范围更为普遍的表现形式。建筑师必须拥有传统使它生动活泼。……非传统地运用传统”①。后现代建筑重拾被现代建筑抛弃的传统,它企图恢复历史的真实性,尝试将过去和现在相融合,因而它摒弃了现代建筑拒绝参照历史的错误做法。

古典建筑语言符号的运用是增强建筑文化性与人情味的重要手段与普遍做法。通过人们熟知的传统语汇符号来消解现代建筑的呆板与单调,成为后现代建筑的常用手法,它倾向于恢复过去的文化,试图找回以往的记忆。意大利建筑师伦佐·皮亚诺设计的英国伦敦碎片大厦(The Shard)处于伦敦交通节点的位置,与周边环境紧密结合,整体形式来自不规则的基地,下宽上窄,像泰晤士河上高桅横帆船的桅杆,建筑立面由成角度的窗玻璃组成,可以让建筑形式根据天气和季节的不同而发生改变。大厦根据形体的收缩变化合理地安排了空间:底部较大空间为办公区域,中部为公共场所和酒店,上部为公寓,最顶端的楼层设置了观景廊,充分体现了建筑的多功能性与灵活性。

现代建筑竭力排斥古风,似乎在宣布与时间决裂。在理性作用下,现代建筑的还原规则使城市变得单调乏味,而城市文化的整体性也遭到破坏。现代建筑缺乏对城市文脉的理解,它过分强调建筑自身,而不注意建筑与环境之间的脉络;过分强调内部空间与外部空间的区别与分离,而不考虑二者之间的过渡。后现代建筑则表现出拯救和研究历史风格及技术的意愿,它在填补建筑的时间及语境方面做出了努力。每一座建筑连同它的场所都有其特定的历史文脉,后现代建筑使用历史符号,激发人们对历史的缅怀与联想。建筑的每一个构件都可以充当历史符号,而符号的有机组织能激发起历史的能量。“在现代主义者心目中,建筑无非就是建筑实体,它们不过是同一事物的不同称谓罢了。后现代主义者则认为,建筑的实体只是建筑的躯壳,建筑本身是隐匿于其中的。必须从文化情感

---

① 文丘里.建筑的复杂性与矛盾性[M].周卜颐,译.北京:中国水利水电出版社,知识产权出版社,2006:38,42.

或者还有历史的关联中去领悟建筑的意义。”①显而易见，太过单调、条理过于分明的建筑会有无聊平庸的感觉。后现代建筑强调一种公众活动的恢宏气魄，同时力求与城市原有经纬相吻合，建立一种既符合环境，又可使公众共享的符号——私有与公共、现在与过去、现实与虚构等。质言之，后现代建筑坚持历史记忆与当下立场之间相互作用的必要性，力图在历史、文化和集体记忆之间建立关联。

建筑是人类历史的一部分，也是文化范式的主要载体。在我们生活的世界中，建筑占有十分醒目的地位，具有重要的实用功能。建筑作为社会风貌的镜子，又总是以直观的视觉形象反映一定的精神追求和历史内涵。后现代建筑师的目标是在时空上与城市相结合，它顺应并拓展城市的历史，重新运用固有的要素，并认可新的技术和传播手段。

在经济全球化的今天，无孔不入的大规模空间生产和重组构成了城市的特征，这不仅改变了历史发展的轨迹，还改变了人们的生活方式和行为方式，并渗透到了日常生活的各个角落。空间是人们具体的、感性的生活场所，空间发生改变，生活也随之改变。哲学家从哲学的意义，谈论人的存在及其意义，探讨人与世界和空间的基本关系。20 世纪初德国哲学家胡塞尔创立了现象学，20 年代海德格尔运用现象学方法创立了新本体论，以及后期从语言学和诗学的角度关于人类存在属性和真理的研究，关于世界、居住和建筑之间关系的论述，为建筑转向对日常生活的关注提供了哲学基础和指导意义。现象学的观点就是凭借直觉从现象中直接发现本质，而不能以任何预先的假设为前提。所谓直觉就是“看”或“领会”，“去看”意味着观察者要“直接面对事物本身”，对所意识到的现象和本质进行完整和准确的描述。晚期胡塞尔提出的“生活世界”概念，以及海德格尔“人们沉浸于世界之中”的论断，都表明人的存在总是在世界中的存在。“在世界中”意味着人们居住在有具体地点、事物和时间所构成的特

① 泽德勒. 后现代建筑与技术[M]//王岳川，尚水. 后现代主义文化与美学. 北京：北京大学出版社，1992：394.

定环境中,而作为人们在地球上存在的本真方式,居住又表明人们的心身归属于特定的生活环境。

因而在后现代社会中,“空间”是一个重要的观念。事实上,列斐伏尔(Lefebvre)在1974年出版《空间的生产》、福柯在1976年发表《权力的地理学》都谈到了所谓“空间的转向”。“继列斐伏尔、福柯之后,空间问题开始引起人们的普遍关注,关注空间问题的思考从传统地理学层面提升到哲学社会学高度,空间作为当代人文社会科学反思的基本向度,成为当代学术思想‘面向生活世界’的在场之域,‘存在与空间’的哲学运思取代了‘存在与时间’的传统命题。”①“当代空间理论认为,空间并不是纯粹物理学或地理学意义上的客体,它具有社会性、历史性、文化性。文化空间产生是运用文化的象征(Symbol)、想象(Imagination)、意指(Signification)、隐喻(Metaphor)等手段,对空间进行文化编码重组、赋予空间以社会历史意义的表征性空间构建过程。”②列斐伏尔和鲍德里亚(Baudrillard)都认为近代西方城市经历了一个从空间中产生到对空间本身生产的转化——空间由现实变为虚构。

爱德华·索亚(Edward Soja)拒绝两种主导的空间概念:物质空间、心灵空间。缺陷在于第一种是可以被测绘并进行工具性管理的空间;第二种把空间归结为表象。他主张第三种空间,即社会领域的空间。③“后现代导致了对时间和空间的感知的某些变化。时间似乎缺少历史性,被挤压成转瞬即逝的东西……空间在日常生活的主体经济中占据了主导地位。”④后现代主义反对传统时空观念,反对康德设定的时间和空间范畴,

① 宋伟.后理论时代的来临[M].北京:文化艺术出版社,2011:303.

② 宋伟.后理论时代的来临[M].北京:文化艺术出版社,2011:315.

③ 索亚.第三空间:去往洛杉矶和其他真实和想象地方的旅程[M].陆扬,译.上海:上海教育出版社,2005.

④ 瓦卡卢利斯.后现代资本主义[M].贺慧玲,马胜利,译.北京:社会科学文献出版社,2012:37-38.

力图采取弥合时空的辩证法。后现代集中体现了人对存在空间、生存空间、物理空间、生理空间、感知空间、机械空间等空间问题的焦虑。建筑不仅是一种视觉艺术,更是一种综合感官的感知艺术。它是空间、材料、结构、环境等元素通过一定的设计逻辑,由视觉作为主导的认知转换为意识的体验,并逐步固化和积累经验——这种经验就是梅洛-庞蒂的“知觉现象学”的意味。这种经验也许先天源于自然界的现象,区别于国际式的“方盒子”,天然的形式更能激发感官的原始刺激。后现代建筑认为建筑应该再创空间,从建筑与城市的相互关系角度,对建筑空间创造特性做出深刻的阐述。

现代建筑以一种严格的、按部就班的、丝毫不偏离预设的形式来限定空间。无论是单体住宅、公共建筑还是城市规划,建筑师都会在其中安排一个空间、一个聚焦中心——比如在家庭住房中有会客厅,在整个建筑中有中庭,在城市建筑中有广场或商业中心。现代主义采用空间的连续性,形式的完整性,工艺技巧和表现方式的整体综合、内外一致性来抑制装饰。空间作为现代建筑唯一的媒介,是把建筑与绘画、雕刻和文学区分开来的重要因素。空间是一种专横要素,所以雕刻或绘画的建筑变得令人难以接受,甚至成为禁忌。而后现代建筑则使用相反的手法、不匀称的多相空间、肢解和不完整的形式、骨架结构的降格、各分段部分的不连续和不调和,表现出对不同空间的接合。后现代建筑师认为,只有从历史中寻找灵感并结合当地环境,才能使建筑成为群众喜闻乐见的空间形式。他们只把建筑看作面的结合,是片段构件的编织,而不是追求某种抽象形体。

“建筑被公认为是得后现代主义风气之先的一门艺术,以现代性的专业分工眼光看,建筑艺术的界限体现于其由线条、立面、体量与内部空间等组成的建筑语言上,当一些后现代主义建筑艺术家尝试给现有建筑打洞时,这种别出心裁的创新举动其实意在打破建筑艺术的封闭的严格界限，并使之跨到界限之外，与界限外的世界打通。”①围合空间、占据空间是建筑物固有的本性，而给“建筑打洞”表明了后现代建筑试图打破空间的界限，把内部与外界接合在一起，采用一系列的矛盾，明显地表露出推崇冲突的意向。俄亥俄州立大学韦克斯纳视觉艺术中心(Wexner Center for the Visual Arts，图5.5)是埃森曼的力作。菲利浦·约翰逊认为这个建筑“以一种比后现代建筑更为深刻的方式标志着美国建筑的一个转折点”②。艺术中心使用非常规的建筑语言，以两套错位的大型白色金属网架作为平面和外观布局，交叉、叠置和碰撞表现出空间脱臼和移位的混乱状态，以此向传统的建筑观挑战。埃森曼所期望的不是美的愉悦的作用，而是对未知事物强烈的发现欲和尝试欲。艺术中心意在提醒人们：建筑从来就不应陷入感觉、高雅和幻想之类的游戏中，建筑并非要使人觉得舒适。

图5.5　韦克斯纳视觉艺术中心

关于历史的撰写与解读是后现代主义理论的重要方向，后现代建筑也是如此。后现代主义把所有对象都当作文本和修辞进行分析，由此将

---

①　朱立元. 后现代主义文学理论思潮论稿(上)[M]. 上海：上海人民出版社，太原：山西教育出版社，2015：11.

②　吴政. 埃森曼和韦克斯纳视觉艺术中心[J]. 世界建筑，1991(1)：53-59.

当时依旧具有自主性的知识向文学的方向又推进一步——历史只是一种叙事,其范式结构不过是一种虚构。不管原始史料表面看起来多么客观、多么有事实依据,最终只不过是一系列相互关联。在任何时候、任何地方,人们都可以进行多种文本阐释,甚至连历史的因果关系也可以归结为虚构情节。克罗齐曾说,一切历史都是当代史,那么后现代建筑首先就是建筑史的当代阐释。詹克斯认为20世纪90年代最具影响的三座建筑是盖里的毕尔巴鄂古根海姆博物馆、埃森曼的阿诺夫艺术与设计中心和里伯斯金(Libeskind)的柏林犹太人博物馆,它们既表示了对建筑自主性的充分尊重,又反映了历史与现实、内部与外接的畸变交错关系。

后现代建筑不仅取消了中心与边缘的等级差别,也淡化了室内和室外的区别,空间也不再具有封闭性和导向性;相反,它是开放和不确定的,它需要借助地点和模式来加以鉴别。某种程度上,后现代建筑更像是几何雕塑,可以"仁者见仁,智者见智"。既可以"作者以一致之思,读者各以其情而自得"(王夫之),也可以"作者之用心未必然,读者之用心何必不然"(谭献)。从某种意义上说,后现代建筑空间是在观众对建筑文本的阐释和再创造的过程中得以实现的。

詹姆斯把约翰·波特曼设计的洛杉矶波拿文彻宾馆(图5.6)称为后现代建筑和空间的一个重要典范。这座宾馆的入口几乎都是侧门和后门,似乎这座后现代大厦渴望成为一个完整的空间,一个属于自己的世界——它在为建立一个新的封闭的形式而努力。宾馆四座塔楼巨大的反光玻璃幕墙以其绝对的对称把城市拒之门外,使人感到一种被打包的空虚感,一种陷入后现代主义多维的建筑物的分裂感。同时,宾馆内部的空间体验让人更加迷茫,面对大厅或是面对空的空间,人们的眼睛和身体都丧失了距离感。在这里,身体无法在一个可以标明位置的外部世界里感知自身,而是被这种无力感所强迫。它象征着人们大脑的无力,标示了后现代世界巨大的全球化和多国化交际网络之迷乱。后现代建筑的多维空间确实没有现代主义建筑具有政治激情,也没有强调迷惘和异化的痛苦,在这里人们只看到肤浅的兴奋和没有理由的轻佻。在后现代空间里,人们丧失了真实,身体距离和批评距离被彻底废除了。当然,在其他后现代文化现象中人们同样可以看到这种困难:沉浸在“意象热”之中,尤其沉迷于电视意象;对已经不存在的原型加以模仿,把旧的现实转变成类象的逻辑。

图5.6 波拿文御宾馆

后现代建筑注重场所精神,通过情境变化营造出有故事、有情节、有场景的空间。所谓有意味的空间情节,“是指空间中有意味的情节题材、特定的主题道具、丰富而生动的细节,以及一种令人惊奇的顺序变化和充满活力的场所空间。它基于接受者的空间体验,是一种超越于形式、功能,又与形式、功能捆绑在一起的空间感受”①。同时,空间情节也是空间体验的内容、对象和过程。这是一种缘于生活的感情体验,一种生活的编排艺术,一种设计的方法,一种思维方式。“空间作为一种媒介,它连接场所与接收者的感知,促成二者的对话与交流,激发接受者的情感体验,并以此达到了传播某种信息的目的。”②

空间情节源于人的感知,“从广义来说,许多感知活动就是对记忆的唤起”③。现代建筑所信奉的东西就是建筑原型,在某种意义上,它指建筑普遍性的始源,是超越时间而成立的原理,是超越时代的普遍性。由于所表现的空间较少受到制约,而且具有普遍意义,所以它成为没有任何文化背景的国际式建筑。就这样,世界上所有的办公楼空间都有一个固定模式,而所有的住宅区和公寓楼也基本相似。这是现代建筑的归宿,但也是其后现代建筑的起点。

后现代建筑空间是充满灵性的,身处其中,我们会发现一个即时性的新空间。库哈斯的互动建筑就是如此,不过它本身却像一个积木或原型建筑。初始状态有可能是收拢的,当人在某一特定场所活动的时候,这种收拢结构能根据具体需求产生新的空间。满足特定活动的要求,这是互动建筑的最高理想。皮亚诺和罗杰斯把建筑看作“装置”或“容器”,空间是可变的、可调节的,因而“装置”或“容器”也是自由和可变动的。在设计蓬皮杜国家艺术和文化中心时,他们表达了对自由和运动空间的追求。“我们的信念是,建筑不但平面应该能改变,而且剖面和立面也应该能改变,这种自由是允许人们可以做他们自己想做的事情……框架应允许人们在内部和外部自由地表现,应允许改变和适应技术或客户的要求,这个

① 陆邵明. 建筑体验:空间中的情节[M]. 北京:中国建筑工业出版社,2007:46.

② 童小明. 叙事空间:构建展示空间的情感体验[J]. 装饰,2012(10):87-88.

③ 劳森. 空间的语言[M]. 杨青娟,译. 北京:中国建筑工业出版社,2003:47.

自由和变化中的性能可以成为一种建筑艺术的表达。”①蓬皮杜国家艺术和文化中心的空间性质由上方完全暴露的结构和机械系统构建所决定，它可以适应项目变化的各种要求。

空间在后现代建筑中不是事物被禁止的地方，而是事物由此开始存在的地方。空间打破原有建筑对人的束缚，显示不同文化间的影响与融合，成为信任、理解和沟通的代名词。此外，建筑也是一种公共存在，每座建筑物也都具有其社会具象意义。以罗西为代表的新理性主义建筑不仅强调建筑同历史的联系，也强调建筑同环境场所的联系。“建筑是由它的整个历史伴随着形成的；建筑产生于它自身的合理性，只有通过这种生存过程建筑才能与它周围人为的或自然的环境融为一体。当它通过自己的本原建立起一种逻辑关系时，建筑就产生了；然后，它就形成一种场所。”②如此来看，建筑通过历史场所与城市有着合理的逻辑关系。

在后现代社会，“空间”受到了人们越来越多的关注，可以说，空间的概念是后现代社会的一个核心维度。而作为本身占据空间的建筑艺术来说，建筑本身就意味着一种空间的体验。建筑艺术作为一种空间美学，它的终极效果必然围绕着空间的合理的组织和协调来实现。在这种多维的空间模式之下，那种线性发展的历史叙事受到了质疑，因为空间同样也可以记录历史。

根据丹托（Danto）的观察，“20 世纪 70 年代后艺术进入了后历史阶段。这就意味着，艺术不再按照历史线索或时间顺序演进。历史上曾出现过的所有艺术形式，在今天都可能继续出现。艺术的历史顺序被打乱了，关于艺术史的宏大叙事不再可能。在摆脱艺术史宏大叙事的约束之后，艺术家可以用历史上曾经出现过的艺术风格进行重新组合，进而实现

---

① 派尔. 世界室内设计史[M]. 刘先觉，陈宇琳，译. 原著 2 版. 北京：中国建筑工业出版社，2007：404.

② 万书元. 当代西方建筑美学[M]. 南京：东南大学出版社，2002：74-75.

自己的艺术意图。从艺术界中抓取资源进行组合,成为当代艺术的重要特征"①。艺术是社会自由的隐喻。现代主义艺术试图将逻辑上对立的必然与自由两个范畴协调、融合,期待它在过去与未来之间充当转化和变革的力量;但这一目标毁于自我孤立和自我崇拜,失败于挣脱了历史循环论及决定论,又落入一种历史"线性"发展观的轭套。

后现代建筑包含雕塑和几何形体,它从历史、地理的文脉性,从场所的追寻角度提出土地、时间和环境相结合的创作手法。后现代建筑不是直接表现功能和结构,而是以传达文化信息为目的。它是时间的自由意志,最终将现代建筑排斥的时间又重新挽回。这个时间不是抽象的,而是历史性的。

在广州珠江北岸矗立着一座如同雕塑的建筑,这是由设计师扎哈·哈迪德设计的广州大剧院(图5.7)。黑白灰色调的建筑由上百个立面构成,每个立面都以不同角度相互连接,恰似珠江岸边被流水冲刷的石头,因此又被称为"圆润双砾"。哈迪德擅长以流动的线条表达对于未来的思考,建筑像胶泥一样任由她改变形状,产生意想不到的视觉效果。作为未来派建筑师,哈迪德重新定义建筑,广州大剧院体现出超现实主义设计理念,建筑外立面中没有任何两个截面完全相同,它们形态各异、角度各异、倾斜交错;没有垂直的柱子,没有垂直的墙体。建筑侧面有两潭池水,不但增强了景观的层次感,还起到了向珠江自然过渡的作用。"是谁驱石到江心,天为羊城镇古会",说的是屹立于珠江中的海珠石。哈迪德在设计之初就研究了广州的历史文化,从涌动的珠江水、海珠石的传说中汲取了设计灵感。"石"既有震慑江天之意,还体现出了中国人对于石文化的喜爱。钢铁、玻璃打造的两块安静的"石头"与周边林立的高楼景观有机融为一体,从繁华的摩天大厦过渡到宁静的大剧院,再到缓缓流淌的珠江,设计师运用类比的手法把建筑与周围环境、城市历史文脉关联接合起来,时间、空间嵌入其中,打造出一个连续有机的整体。

---

① 彭峰.当代艺术中的回归[J].美术观察,2012(11):16-18.

图 5.7　广州大剧院

现代建筑中的功能主义被广泛接受和无限传播，使建筑失去了自身独特的评价标准，也丧失了其充当某个社会与其所在特定地域之间的中介地位。然而，当它仅仅以科学理性的面目出现之时，建筑已经变成时代抽象化了的伪科学。在兼容并包的美学原则下，后现代设计师着意于历史的连接、空间的组合，以此产生不协调的韵律方向，特别是强调建筑要素的拆解堆砌。于是，在强调日常审美的时代，后现代建筑不断修正现代性理念，进而实现对传统和自身的审美超越。

对后现代建筑来说，时间是流逝的，需要辨识；空间是具体的，需要确认。辨识是对历史的认同，而确认是对当下及未来的承认，所以在后现代建筑中确认与辨识同等重要，空间与时间相互接合。

# 本章小结

在对现代建筑进行反思和重新审视的过程中，人们发现现代建筑所提倡的简约主义、功能主义、否定传统等观点在后现代社会已不足以表达人们的价值理念和审美诉求。在人类文明走向后现代的过程中，工业图示化的现代主义建筑逐渐遭到后现代主义建筑的冲击，当然，后现代建筑对现代建筑的超越并不简单地表现为冲击、否定和反对；相反，它在现代建筑及古典建筑中吸取优点、借鉴经验，从而在混搭、拼贴的形式中实现超越。

20世纪初，现代建筑从传统建筑的历史中解放出来，功能主义和结构美学的运用使其风靡全球。本质上说，现代建筑是工业革命的产物。在新的技术条件之下，人们对建筑的结构、类型和风格都有了新的要求。于是，现代建筑以一种简约、功能至上的风格满足了现代社会发展的需要。这样形成和发展的建筑固然迎合了工业社会和现实的需要，但它却把人类生存的家园变成钢筋混凝土的森林——这种单调乏味、千篇一律的建筑到了后工业社会明显使人厌倦。20世纪60年代以来，建筑师开始思考现代建筑的弊端，并从后现代艺术中吸取营养，试图重新探讨建筑的形式、功能和装饰等基本问题，进而确立后现代建筑的审美风格和基本特征。

其实，现代主义或国际主义风格之后的建筑，对现代建筑的功能主义核心和民主主义实质是很难否定和抛弃的。无论是后现代主义、解构主义、“新现代主义”“高技术风格”的建筑，还是波普建筑，恐怕都是如此。后现代建筑是对现代建筑的延续，它在建筑的外表加上一层装饰主义的外壳，所以不可能带来根本改变。詹克斯也说：后现代主义就是现代主义加上一些什么别的。文丘里在赞同现代主义的核心内容的同时，只是努力改变其单调乏味的形式。

海德格尔说：“人，诗意地栖居。”他认为“居住”是在世存在的一种前定方式，也是一种处境，这种处境在于天、地、神、人这四重性的统一和有序排列。建筑不仅要被引入这四重性的网状情境，还要关注自身的艺术效果和伦理教化。与之相应，后现代建筑恢复了历史文脉的延续性，并且在自身与环境之间建立起明确的交互关系。总之，后现代建筑从主体的多元心理需求及美学观点出发，力图沟通传统和现实、古典与现代。它要创造一种能唤起多种情感，既反映历史又体现时代风尚的美。为此，后现代建筑在创作中提倡兼收并蓄、丰富多彩与含混模糊；主张矛盾相对和冗长复杂；追求含蓄、文脉和象征。

# 第六章　后现代建筑与商品时代的美学趣味

进入现代社会，物质基础的改变使主体的审美趣味也发生了改变。20 世纪 60 年代是西方商品经济高度发展时期，在商业文化的影响下，现代建筑师的理想被社会无情击破。建筑设计以个性化的小创作替代标准化批量生产，文脉主义原则替代了对环境的改造，消费主义在建筑形式上开始膨胀。这一时期，简洁明快让步于历史怀旧与隐喻象征，明确的功能形象有意识地为文化的表达做牺牲，干净、利落、精致的几何形体为生动起伏的可塑形象所更换，多样化使建筑更具生命力和亲切感。建筑师们认为商业文化中包含了许多有价值意向的集合：文丘里向流行艺术和拉斯维加斯学习，摩尔则直接走向民间周游猎奇。审美生产在后现代社会已经转换为商业生产，商业话语成为新兴的权威话语。

## 第一节　大众与波普

波普艺术是西方现代艺术向后现代艺术转折的艺术形式之一，它出现在 20 世纪 50 年代末。60 年代以后，它逐渐成为全球性的艺术潮流并一直持续到 70 年代早期。波普艺术的核心观念是艺术与日常生活的界限的弥合，它利用现实生活中的视觉源泉，采用商业化的图像、成批制作和加工过的卡通形象及广告和插图公然反抗高雅艺术。经过波普艺术的推进，艺术开始与世俗物结合，艺术与通俗的界限开始变得模糊不清。波普艺术是高度职业化的专家为大众所制作的艺术品，它消除高雅文化与流行文化的差别，反对只要精英文化而排斥大众文化的倾向。它表现为艺术向商业化与通俗化靠拢，强调艺术交流形式的共通性、普遍性，不主张独创性、个性化，表现出强烈的通俗性、乐观的商品性和快捷的消费性。

## 一、娱乐至上

古典主义阶段始终存在高雅与通俗文化的对立与互动，由于前者掌握着文化的绝对控制权，故而通俗文化没有能力消解高雅文化的影响。而在后现代社会，这种对立已经演变为精英文化的不断退却与大众文化的繁荣。后现代时期不再追求宏大的元叙事，“这意味着后现代主义不再具有超越性。它不再对精神、价值、终极关怀、真理、美善之类超越价值的事物感兴趣，相反，它是对主体的内缩，是对环境、对现实、对创造的内在适应。后现代主义在琐屑的环境中沉醉于形而下的卑微愉悦之中”①。于是，话语权重归大众，并使大众与精英、权威实现平等交流。后现代主义让审美进入日常生活而不带政治色彩，这在后现代建筑中表现得尤为明显。与现代主义建筑不同，后现代建筑更容易融入日常生活和商品化社会。

举例来说，拉斯维加斯是美国西部荒漠中的一座城市，兴建的宗旨就是利用以博彩业为主的各种娱乐设施来振兴西部的经济。在消费文化和娱乐文化的刺激下，城市建筑以新颖、奇特的形象和五光十色的霓虹灯为主（图6.1），紧随流行艺术，混合着高雅与庸俗。并且，它还以戏谑的手法把克莱斯勒大厦、帝国大厦、自由女神像等一大批世界知名建筑汇集在一起。置身其中，人们仿佛在各地不断穿越；它充满了迷幻色彩，同时也

① 朱立元. 当代西方文艺理论[M]. 上海：华东师范大学出版社，2002：381.

使这座城市成为后现代建筑大师文丘里推崇的典范。

图 6.1　拉斯维加斯街景

《向拉斯维加斯学习》一书使商业文化和通俗文化越来越受到重视，文丘里认为建筑学要适应现代社会的速度及其流动性；现实需要环境而不是建筑，为了适合大众文化，建筑可以采取普遍、廉价、高效和实用的方法。在兼收并蓄的后现代社会中，建筑将一些风马牛不相及的元件和要素以直觉组合在一起，把传统、民间、文脉、装饰等综合为后现代空间。事实上，后现代建筑与后现代文化一样，模仿作品、拼贴艺术、奇思怪想，并充斥着欢乐与玩笑。后现代建筑不是要确立完美的秩序，而是要在各种对立中找到平衡。如所周知，消费文化是伴随商品社会的来临应运而生的。消费文化一方面将艺术商品化，另一方面又将商品艺术化，由此抹平艺术与商品之间的界限，其实质仍然是一种商品文化。消费文化也是伴随着大众文化的兴起而出现的。消费文化在抹平艺术与商品界限的同时，也消解文化的深度模式，使之更加娱乐化、平民化、平面化和浅表化，从而最大限度地满足大众的娱乐需求。

在 19 世纪，伴随工业化和城市化的发展，统治力量试图压制欲望和身体并使之高雅化。长期以来，现代主义一直否认大众文化，割断了大众意象与前工业时代的通俗文化之间的连贯性。20 世纪 80 年代的文化理论打破了主客二元对立,它采用巴赫金的狂欢理论解释文化生活。它抹平了“高级”与“低级”之间的界限,并指出文化生活一直是含混杂糅的。

“后现代主义的建筑,对新古典主义来说,就是一个奇异却又类似的东西;这是一种属于历史循环决定论者在隐喻和典故潛用上的游戏,彻底反对旧有的严肃呆滞的极端现代主义,而且,后现代建筑本身,似乎是对传统西方审美的整个策略范畴,做出了一番索隐重现的工作。……现代主义就是后现代主义作品模仿的这一丰富而有创造性的运动,含有最大的美学游戏的狂欢。”①狂欢是社会性、集体和公共的,是大众的娱乐盛会。狂欢提供了一种反中心主义、从单一或统一的语言霸权中解放出来的新模态,它崇尚的是无中心的、自由而开放的行为。同时,狂欢具有颠覆真理和等级秩序的特征,它对一切事物采取冒渎不敬的态度,使神圣与粗俗、崇高与卑下、伟大与渺小、聪明与愚蠢合为一体。消除界限、填平人类与自然以及艺术与生活之间的鸿沟,正是后现代主义,也是后现代建筑的一个口号;而建筑正在逐渐失去权威性、神圣性变得更加生活化、世俗化、娱乐化。后现代建筑不像现代主义建筑高大、生硬、冰冷,而是容易接受的、热情的、包容的和可亲近的。它与阶级、特权制度相抗衡,因而建筑的实质是一种民主平等精神。

美国新奥尔良市是意大利移民比较集中的城市,居住区内的意大利文化传统气氛浓郁,人们大都保持传统的生活方式。1973 年,市政当局决定在旧市中心附近建造一个颇具怀乡意味的“意大利广场”。查尔斯·摩尔与佩雷事务所(Perret Architects)共同设计的方案最终中标。结合周围的环境,摩尔设计了一个奇异花园般的城市广场建筑(图 6.2)。

① 利奥塔.后现代状况[M].岛子,译.长沙:湖南美术出版社,1996:20,詹姆逊:序言.

他用一种调侃戏谑的方式将古典建筑中的拱券、柱式等主要建筑语汇表现出来,并通过不锈钢、霓虹灯等建筑材料的加入使之更具有现代感。广场到处弥漫着热烈而饱满的色彩,似乎向人们展示了意大利人的豪爽、奔放的性格特征。

图6.2　意大利广场

广场整个平面呈圆形,四面有建筑围合,因此呈现半开放形式。摩尔通过柱廊、地面环状铺地及顶部的缺口强化了广场的螺旋形状,使广场本身充满动感。广场内部设置了一面由古典立柱支撑的廊柱系统,这里既有古典的科林斯式柱,也有现代的不锈钢圆柱。同时,这个系统还包含拱券、不规则凹凸的地面、台阶等。这些形象随意搭配,黑色碎纹的大理石贴面,黄色、红色各种明艳的色彩等都覆盖在这些杂乱无章的形象上,使它们更加杂乱不规则。而在广场的地面上，有一块区域由于设置了三眼喷泉而被浅浅的水面覆盖，星形、曲折的形状从地面凸出，形成婉转回环的小径。这些拱券廊柱上安装了不同颜色的霓虹灯，使之在夜色中呈现出更加奇异的效果。

显而易见，摩尔对柱式、拱券等古典建筑符号游戏般的运用是后现代建筑突出的特点。建筑师也许想通过这种巨大的反差来颠覆古典主义建筑语言的肃穆庄重；也许是试图在现代与古典之间寻找契合点，以便更好地用现代表现手法展现古典的精髓。实际上，意大利广场的这些设置都有隐喻。广场内由各种颜色的大理石、瓷砖和石块等材料组成了一个意大利的地图形状，而三眼泉则代表了意大利三条主要大河，那些看上去花哨、凹凸不平的地面，则代表意大利起伏不定的土地。这些隐喻意义，都能够被当地的意大利移民所理解。而在广场中特意加入的“美国”柱式、明艳的色彩以及现代化都市中最常见的霓虹灯，则使人们熟悉的美国文化与意大利文化达到水乳交融的境界。因此，意大利广场既有现实生活的影子，也暗含意大利移民心中祖国的印象。

1978 年 3 月意大利广场落成，意大利移民对这座充满古典主义风格的纪念性建筑激动不已，广场则以一种炫目的舞台效果受到普遍欢迎。摩尔这种将古典主义建筑语言一贯严肃的作风摧毁并与现代气息浓郁的霓虹灯相结合，从而将建筑用娱乐化的方式表现出来，破除了建筑的常规定义。詹克斯将这座含糊的、非限定的意大利广场解释为后现代主义的一个特点，认为广场运用灯光和流水等技术使环境建筑产生大众化吸引力。这种对历史人文和自然环境的全面考虑，成为后现代建筑的一个重要原则；而意大利广场也成为一件典型的三维波普艺术品。摩尔把建筑看作人类经验的一个投影，历史范式的运用可以唤起记忆，成为人识别自身的标志。意大利广场的特征是采用了历史主义、古典主义的装饰动机，以折中手法进行处理，注重建筑的愉悦性、隐喻性和装饰细节的含糊性。

其特征怪诞离奇，古典风格与现代几何形式并存，色彩夸张刺激，材料使用无拘无束，整体设计使人耳目一新。摩尔最大的贡献在于，他关注场所、再现历史，把人们的爱、关怀和乐趣投入到建筑中。人们也在这座充满象征性和隐喻性的场所中，在生理和心理上都找到了归属感和荣誉感。

## 二、反讽幽默

反讽是西方文艺理论的古老概念，其特点是对假象与真实的矛盾一无所知；反讽者假装无知、口是心非，说的是假象却暗指真理。“反讽是一种用限定来确定态度的方法，主观的意念往往并非直接而是迂回地显露出来。在表达中，反讽存在一种由表层意义和深层意义合成的二重结构，二者在意义上互为矛盾。正是由于这种矛盾，主体的真实意图才得以在一种富有意趣的情境中传达出来。”①当然，反讽的条件是在缺乏基本原则或范式时产生的不确定性和多义性，这时发生一种转向，即出现反讽。讽刺也许可以用来对抗和混合多元化社会中关于建筑的一些分歧，还能够调节建筑师与业主之间的差异性。

与其他艺术品相比，建筑是人类接触最多、最顺应人的要求和最实用的艺术品。国际主义建筑因其统一的面貌和单一的形象总是给人以冷冰冰的感觉，因此一些后现代建筑师开始尝试赋予建筑感情，让建筑也具有像人类一样的喜怒哀乐。它有时通过形象设计直接表现，使人一目了然；有时又隐晦地包含设计思想和理念，让观者仔细琢磨。“对趣味性以及复杂性的侧重，不断出现在后现代主义的理论中，作为反讽及颠覆的基础。”②在后现代波普运动的影响下，建筑师开始有意识地反思社会，并将

---

① 万书元. 论审美体验[J]. 江苏社会科学，2006(4)：15-19.

② RAIZMAN D. History of modern design[M]. London：Laurence King Publishing Ltd.，2010：384.

一些具有强烈代表意义的形象应用于建筑中。这样做既可以用建筑的独特形态吸引人们的注意,还可以用特殊的形象来表现主题。这种借助建筑形象来表征特定主题的做法在中国古代建筑中尤为多见,如建筑屋顶的形态、出檐的多少、斗拱的设置,以及建筑中颜色的使用、花纹图案等方面都有严格的规定,它以明确的等级体现建筑使用者的身份和地位。

现代主义建筑对建筑的象征性并无特别规定,它通过简洁、理性和严谨的结构来体现建筑中所蕴含的功能。后现代建筑则恰好相反,建筑师苦心经营的就是建筑的外部形象和象征意义,其中包含文化、情感、观点等诸多方面。更有甚者,有的建筑形象与建筑内容毫不相干,它似乎只是为了突显建筑的与众不同,带给观者无限的联想而已。后现代建筑通过符号营造“感知”或“经验”,使人对其产生感情和欲望,而这种新感受沉浸于建筑形式和风格的愉悦之中。

后现代建筑将以往建筑原型随意性和表面化处理,伴随它所使用的讽刺和折中的态度,表现出了建筑杂糅的非线性逻辑。质言之,建筑就是能够在象征和历史记忆中实现身份认同,并在生理和心理上加以占有的场所。

后现代建筑师模仿商业艺术并非意味着他们的技巧“复制其内容或其内容的毛皮”,他们设计的建筑具有多种价值,让人感到似是而非、嘲讽和机智,用“笑话表达严肃”。可以说,建筑师的“许多高级读本传达了惋惜、讽刺、爱、人性化、快乐或者仅仅传达了其中的效果,而不是买肥皂的需要或纵容的可能性”①。与现代主义相比,后现代建筑师以非专制姿态为艺术和建筑的创造指引了新的道路。后现代艺术的终极目标就是使艺术成为每一个人都可以参与创作的活动,它是一种意欲填满生活“空隙”

---

① 文丘里,布朗,艾泽努尔.向拉斯维加斯学习[M].徐怡芳,王健,译.原修订版.北京:知识产权出版社,中国水利水电出版社,2006:153-159.

的艺术。20 世纪 60 年代，艺术中雅俗界线开始瓦解，通俗艺术与大众文化形式出现。

艺术是时代精神的反映。古典绘画是对物体的再现，传统建筑的物体意义更为明确。柱、窗、屋顶和墙体是构成建筑的要素，建筑的风格源于这些物体的不同样式，建筑师对这些要素精雕细琢，讲求对称、整齐和统一。“现代建筑中物体的恒常形状逐渐解体，审美知觉以点、线、面的方式存在，它获得了均衡、对比、构成等审美价值。后现代建筑的知觉范围更具兼容性，它既不排斥纯粹的形式，也不排斥物体的意义。”①现代建筑强调普适原则，而后现代建筑需要依赖直觉来感受建筑艺术的魅力，其中享乐主义与流行文化起主导作用。“后现代主义风格不存在单一性，相反，所有风格及视觉词汇都正当有效，多元主义统领一切。挪用，是后现代主义采用者频频采用的策略。”②后现代建筑风趣幽默，它以玩世不恭的态度展示极大的包容性。它不否定任何事物，不排斥模糊性、矛盾性和不一致性，因而更加丰富多彩。后现代建筑涉及个性与主观因素，运用讽刺、幻想和怀疑的视角进行记忆的虚构，它关心情境而非风格，表现出了商品时代特有的美学趣味。

后现代建筑中存在着大量反讽的案例：从埃森曼、屈米、扎哈等建筑师那些夸张、独特的形象中都可以看到对现代建筑中规中矩形态的嘲讽。北京中央电视台总部大楼（图 6.3）由库哈斯和奥雷·舍人（Ole Scheeren）带领大都会建筑事务所（OMA）设计。这是一座超常规摩天大厦，两栋向内倾斜的塔楼由一个巨型的、不规则的空中悬臂连接在一起，形成了一个完全不对称的环状结构，中间是一个巨大的空洞，透过它可以

① 陈晓媛. 论后现代建筑的基本特征[J]. 学术交流，2015(8)：204-208.

② 罗伯森，迈克丹尼尔. 当代艺术的主题：1980 年以后的视觉艺术[M]. 匡骁，译. 南京：江苏凤凰美术出版社，2013：37.

看到天空。设计师从空间构成上着手,创造出一个独特的形态,使观看者从不同角度都能获得不同的观看体验。独特的环形结构不仅是中国了解世界的窗口,还表现出媒体人的独特视角、媒体行业的本质,即循环往复、生生不息的信息传递过程。中央电视台总部大楼是世界上较大的媒体建筑,它将电视制作的所有功能集结在一个统一的建筑体量里,其内部空间的布局也是连续循环的,并涉及交通组织、环境设计、整体规划等方面,构成了一个小型的城市社区。建筑师赋予建筑社会性,力图挖掘、探索更多的潜在意义,满足了当下人们多元的需求与审美趣味。中央电视台总部大楼与周围的高楼形成鲜明对比,对摩天楼建筑形式进行了重新定义,通过建筑来激发人们更多的想象与创意,为城市带来更多的空间和活力。它反讽拆解了现代主义建筑某种固定的逻辑链环,破坏了某种固定的传统教条,挑战了方正、工整、井然有序的建筑“盒子”。它真实叛逆、气宇昂轩,传达出天马行空的想象力、蓬勃向上的凝聚力和超越一切的批判力,不失为北京 CBD 区域最具雄心的建筑。

图 6.3　北京中央电视台总部大楼

西方古典建筑有四个特征:对称性、象征性、正面性和纪念性。后现代建筑却没有法则,只有选择;没有程式,只有偏爱。这是一个崇尚多元的时代，这是一个“怎么都行”的时代，这是一个“向拉斯维加斯学习”的时代。在后现代阶段，文化放任自由，商品化和商品崇拜的程度是史无前例的。媒体广告、流行艺术、好莱坞及商品化的明星，作为标志物呈现在人们的生活中；城市日常生活的异化被视为幻觉中出现的兴奋剂或虚构事件；而人们对空间、时间、历史和现实的体验与审美也发生了根本变化。

“道格拉斯·戴维斯（Douglas Davis）开玩笑地把后现代主义称作艺术的‘快餐’系列（The Fast-Food Chain of Art），一种晚期资本主义的现象。由于它的明白易懂、它的非正规性、它自我服务的谦逊态度和自我贬低的平凡性，无疑使它更像一种规模盛大的快餐，而不是像现代艺术的那种正式筵席。”①因之，后现代艺术是对现代艺术的颠覆与反叛，而后现代建筑是对现代建筑冰冷、单一形式的批判和修正，是对原有建筑的形式加以肢解、变形、随意处理。非理性主义、人本主义、历史主义、文脉主义、隐喻主义、装饰主义、大众化、多样化、混杂性、折中性、多元共生等构成了后现代建筑的特征。特定时代的艺术是特定文化的反映。随着人类主体意识的觉醒和人对自身探索的深入，越来越多的人认识到艺术不是“理想”，而是日常生活的一部分，波普与大众成为人们的审美追求。

## 第二节　符号与消费

对于建筑师来说，“工业结构代表了勇敢的科学与技术的新世界。放弃了公认的历史折中主义陈旧符号的早期现代运动的建筑师们，取而代之以工业化的本土符号。……使用一种基于类型学模型的设计方法，发

---

①　莱文. 超越现代主义[M]. 常宁生，辛丽，仲伟合，等译. 南京：江苏美术出版社，1995：9.

展了一种基于他们对工业革命时代进步技术的阐述的建筑学图示”①。简洁的现代主义建筑秉持工业产品设计的原则,所有组成部件都表现为产品形式,合理化及标准化直接作用于建筑并追求最大的经济效益。现代建筑师是第一批做出象牙塔的建筑师,他们关心社会经济问题,考虑人民大众利益,表现出以天下为己任的热情。通常在现代主义建筑中,我们看到的是一种无视历史传统的工业理性和技术美。后现代建筑呈现的则是一种有深度的形式美,它着重表现一种历史纵深感、一种文化厚重感,就像一首充满典故和隐喻的诗歌。后现代建筑在形式和内涵中创造一种意义的合成、一种立体美学,在这里我们可以看到某种沉甸甸的东西——意象性。

## 一、表象即视

“从理论上来讲,后现代主义与大众文化共同分享着以使用者为导向的设计方法,强调多元的诠释和含义,接受设计的短暂性,因而反对设计实践中的永恒的因素,并通过与行为艺术相关的即兴的、开放的本质以及流行表现形式中的包容性而得以证实。”②

在描述传统建筑时,我们常用的词汇是庄重、典雅、雄浑、严整、对称、节奏、韵律、格局、形制、风格等;在说明现代建筑时,我们采用是力度、感染力、对比、均衡、协调、形体、形式、空间等语言;而在探讨后现代建筑时,界面、情景、场所氛围、表皮、肌理、建构、片段等才是新的语词,视觉张力是追求的效果。由此我们看到,后现代建筑一方面强调综合感受,另一方面则强调在近人的范围内局部的重要性。从传统意义上讲,整体等于局

① 文丘里,布朗,艾泽努尔. 向拉斯维加斯学习[M]. 徐怡芳,王健,译. 原修订版. 北京:知识产权出版社,中国水利水电出版社,2006:133.

② RAIZMAN D. History of modern design[M]. London:Laurence King Publishing Ltd. ,2010:369.

部之和，局部与整体在共同叙述同一个故事；从现代意义上讲，则是整体大于局部之和，局部无意义，只有结合成“有意味的形式”后才呈现意义；而在后现代，局部就是目的，局部和整体之间没有高下之分——人感知到局部与符号就可以成为建筑意义的载体。

表面上看，后现代建筑注重瞬间随机的感受仅仅是一种技巧的变化，事实上这与后现代社会中价值观念的变化是密不可分的。无论古典建筑、现代建筑都试图创建一种秩序、一种等级的观念，建筑的意义也因而随其社会地位的不同而不同。无论传统美学还是现代建筑艺术，它们都有一种审美理想——建立永恒的美学原则。在这种美学原则中，中心与统一受到格外重视，这表明时间观念是确定的。人们在对建筑的体验中，对建筑意义的思考中，始终把对最后的感受期待看成是审美理想的实现。现代主义强调理性、崇尚“永恒”，在建筑设计和城市规划中突出几何形式和逻辑性，并试图使建筑和城市从零开始，表现出对当下“随时”的蔑视。在后现代社会中，人们消除对权力中心、权威话语的迷信，没有统一、永恒的思想。后现代主义美学不仅重视“瞬间”的结果，也重视“随时”的过程，重视“随时”的感情体验。

后现代建筑不追求深层的含义，深度的消失不仅表现在时空的延续性上，还体现在人们的审美体验中。后现代社会中，商品无处不在。这导致了消费主义独霸一切的局面，大众通过消费商品，积极改造、建构人的自我意义、社会属性和社会关系。随着时代的发展，艺术已经逐渐拉平它与生活的距离，人们以消费的心态体验外部世界。任何新奇的形式都难以引起人们的进一步思索，即使最真诚的追求也似乎成为标新立异的表演。后现代主义不相信任何元叙事，而是表达自己直接的感受。这如杰姆逊所言，“关于过去的深度感消失了，我们只存在于现时，没有历史；历史只是一堆文本、档案，记录的是已不存在的事件或时代，留下来的，只是一些纸,文件袋”①。在距离的消失中,首先隐退的是历史的意义和真实的记忆,即人们通常所称的“历史意识”的隐退。拆解深度模式、平面化,模糊高雅与通俗、艺术与生活、幻想与现实都是距离消失的表征,取而代之的乃是一种新的表象性。

把历史造型和符号直接借鉴使用并赋予新的内涵,或将古典主义建筑风格及其装饰的特点进行夸张与变形,在外观有时代感的同时让人浮想联翩。这些似曾相识的历史符号,在某种程度上包容过去的经验。每一个个体都包容了过去和当下,体现着许多流传已久的“传统”。建筑能做的就是去重新拼组和玩弄过去已经存在的形式,并将其融入当下生活。换言之,“后现代艺术是一种行动和参与的艺术。……艺术不再是静观的对象,而是一种行动的过程”②。

总之,后现代建筑随意引用、提炼、寻找和重复历史上任意一种建筑风格。其方法是综合,而不是分析;它自由风趣而充满怀疑,但不否定任何事物。它由于模糊性、矛盾性、复杂性和不一致性而丰富多彩,它模仿生活、关心情境,并采用讽刺、幻想和怀疑的态度来运用记忆和虚构。在后现代建筑中一切固有意义都毫无价值。杰姆逊指出:“后现代主义的全部特征就是距离感的消失。”③距离的消失(又称平面感),是指后现代主义力图推翻前现代、现代的一切主张,探究“深层意义”的思维逻辑模式。杰姆逊认为,后现代主义在取消数千年来人类有关探究深度思维方式中获得了一种无深度的表面感。

---

① 杰姆逊.后现代主义与文化理论[M].唐小兵,译.西安:陕西师范大学出版社,1986:187.

② 王岳川,尚水.后现代主义文化与美学[M].北京:北京大学出版社,1992:36.

③ 杰姆逊.后现代主义与文化理论[M].唐小兵,译.西安:陕西师范大学出版社,1986:168.

同时，后现代建筑也是“图像的”，“反讽性地富含陈腐俗套”。建筑师从20世纪60年代初“流行艺术家的鉴赏力”中寻求帮助，“将陈年旧物置于新文脉中（如将汤罐头置于画廊中）以求得新意义，进而化平凡为非凡”。现代主义独断专横地割断现今与历史的联系；但后现代建筑以赞赏的态度关注流行艺术，重新恢复了现代主义之前的传统，即“对过去或现在、平凡物品或陈年旧物的暗示与注释，以及环境中神圣和世俗的日常内容”。后现代建筑师认识到“现代主义”与“后现代主义”关系的复杂性，体会到流行艺术的现实意义。当然，这可以追溯到20世纪初现代主义文学的实践，追溯到T. S. 艾略特，尤其是乔伊斯《尤利西斯》中对习语、节奏及当代城市环境联系在一起的敏感性①。

后现代主义撕碎艺术的边界，溢出了艺术的容器；后现代作品的特征之一就是引经据典时所表现出的杂糅性。这种现象在后现代建筑中尤为明显。后现代建筑师认为现代主义的“功能决定形式”这一规约过于拘谨，因而应该考虑不和谐要素及矛盾性。文丘里在《向拉斯维加斯学习》中赞美流行文化，漠视和谐性；詹克斯在《后现代建筑语言》中允许建筑的“代码”之间形成一种具有讽刺意味的“双重符码”冲突。建筑可以对形式语言进行拼贴，集不同风格于一身；还可沦为一种粗糙、简单的庸俗流行物。到了后现代阶段，建筑开始变得含糊不清。在体验和阅读建筑过程中，主体需要带着双重译码对建筑进行“解读”。这个双重译码一是包括主体自身的文化记忆，二是建筑是通过象征、隐喻给出的。不同的形式与形象产生不同的象征，不同的接受和体验也会产生不同的隐喻。在这一意义上，后现代建筑与后现代文学十分接近，意义不是单一确定的，而是多义含糊的。

---

①　文丘里，布朗，艾泽努尔. 向拉斯维加斯学习［M］. 徐怡芳，王健，译. 原修订版. 北京：知识产权出版社，中国水利水电出版社，2006：53-72.

有关历史元素的应用,后现代建筑与19世纪的复古主义建筑有本质的区别。复古主义崇尚的是该形式流行的时代:对于哥特式形式的崇尚,就是把哥特式时代作为一种样板,进而造出理想的建筑。而后现代建筑则试图跨越时代去寻找共鸣,它拼凑人们熟悉的元素符号来产生亲切感,其结果是,在使用历史主题的后现代建筑中人们体验到浓厚的当下性与时代感。人们用过去解读现在,在当下中感悟过去。这样,历史仿佛是一种永恒形式的渐次进化,而不是一种革命性抹除。斯特恩作为后现代主义建筑的鼻祖,对于传统设计理念的摒弃和沿袭有着极深刻的理解。他对几何形式的运用是建立在对历史建筑的了解和喜爱的基础之上,斯特恩将历史很好地融入当代建筑的结构中,将传统带入主流建筑,并逐渐形成了一种新的建筑风格。由斯特恩设计,2013年落成的小布什图书馆(图6.4)是美国第13个总统图书馆。外立面采用了淡粉色大理石,增强了庄严感,并和大学内的红砖建筑色调融为一体,时空交织、相互协调、毫不张扬。小布什图书馆有别于现代主义独块巨石式的体量,它是热情的、包容的、可亲近的,揭示了一种民主、平等的精神。古典风格的纳入,传统形式的借鉴,打通了当下与历史,寻求建筑的永恒性。

图6.4　小布什图书馆

大致说来,历史符号的运用是对现代主义均质统一的反叛。后现代建筑以怀旧的方式,恢复文脉延续性,在建筑与其赖以生存的环境之间建立交互关系。它使建筑通过重新调整隐喻、象征和造型本身的能力,引发抽象想象,而且生发符合于民众口味和情感的形式。后现代主义强调记忆或历史的叙事内涵,即“传统的再现与回归”——回归绘画、图案和装饰,但所有这些回归在某种程度上必须以创新超越复制。旧形式被赋予新内涵以证明自身的存在,人们在似曾相识中产生新鲜感。后现代建筑中的新颖,是在新观念统率下的原型意象和历史意蕴的重组,历史的和现实的、形式的和意义的、自然的和科学的双关叙事在此潜藏。

从知觉角度来说,传统建筑和绘画是建立在同一种知觉方式之上的,即它们都是以对眼睛可以识别的物体为基础的。因此,建筑与绘画之间存在相互借鉴的关系。波普风格最能代表享乐主义与流行文化。波普艺术的主题来自日常世界,大众媒体形象、印刷品、家居物品等事物的介入使艺术失去了张力,只剩下戏仿。当然,建筑中也存在着挪用、拼贴的状况。

后现代建筑模仿、拼凑先前的文本,将各种主题混杂在一起。它是新与旧的汇合,是在扭曲古典建筑构图原则的思想下,贴换挪用传统建筑的片段。当历史的、现代的、东方的、西方的种种建筑形态纷纷以平面化的方式呈现在人们的面前之时,在一定程度上削弱了艺术的深层意义和道德指向。

对经典的解构,对图像的拆解是后现代文化的特征。在传统文化中,经典是高高在上、可望而不可即的,它需要人们顶礼膜拜。随着后现代主义的发展,解构经典、拆解图像成为对传统和现代文化的疏离和反叛的标志。后现代艺术“利用过去图像的戏拟”①，把似乎风马牛不相及的风格和手法混搭、拼贴。后现代建筑师大胆向古典主义和现代主义提出质疑，对原有的建筑观念进行拆解、颠覆，把功能、技术降为表达意图的手段。在手法上，他们打破原有结构的整体性、转换性和自调性，强调结构的不稳定性和不断变化的特征，反对整体性，重视异质性的并存。通过长期的研究和实验，他们试图从深层结构理论，用语法学的规律和形象构成手法来实现建筑生成和转化的过程。建筑元素交叉、叠置和碰撞成为设计的过程和结果，虽然所产生的建筑形式呈某种无秩序状态，但是内部的逻辑及思辨的过程是清晰一致的。

在后现代世界里，主题消失了，文化呈现出语言分裂。这种分裂使准则本身变得暗淡无光，进而沦为一种中立的和物化的媒体语言，这种语言就是挪用、拼贴。后现代混成作品的随意风格引用与后现代大众的需求是一致的，消费者渴望世界本身完全转化为各种肤浅的可视形象。借助于符号的拼贴，传达表象即视的效果，后现代主义文化“攻击了具有精英主义气质的、高深莫测且又专治独裁的现代主义世界”②。

在后现代，占优先地位的是社会文化，意向性与情境是后现代艺术的标志。创造性的艺术与科学既不来自虚无，也不是对自然的照本模仿，它们被意象化，在想象力的游戏中，世界的形式被意象化，同时被创造性地再现。意象性与想象力既是接受，同时也是对形式的游戏式再创造。后现代建筑享受愉悦、尝试风趣、包容一切。在后现代社会一切都可以成为消费的商品，建筑也不例外，它需要迎合大众的审美趣味，以得到更多人

---

① 罗伯森，迈克丹尼尔. 当代艺术的主题：1980 年以后的视觉艺术[M]. 匡骁，译. 南京：江苏凤凰美术出版社，2013：164.

② KUMAR K. From post-industrial to post-modern society[M]. Malden: Blackwell Publishing, 1995: 129.

的认同。建筑通过似曾相识的表象符号的使用，强调感性审美和大众立场。

## 二、隐喻无根

大众文化从过去特定的圈层中扩张出来，进入人们日常生活，成为消费品。它的兴盛意味着生活与艺术边界的模糊，于是既有艺术生活化，也有生活艺术化。大众文化使人们的日常生活有了更多的艺术色彩、文学意味和审美情趣，虽然缺乏深度，却含有文化普及和文化民主的因素，并带有形式创新的作用。从平常物中学习已经是人们司空见惯的事情，美术就源自民间艺术。“18 世纪的浪漫主义建筑师发现了已有的、传统的初始建筑学。早期的现代建筑师们未加改造地搬用已有的传统工业词汇。勒·柯布西耶热爱谷仓和轮船，包豪斯的外表像厂房，密斯将美国钢结构工厂的细部加以精炼以适应钢筋混凝土建筑。现代的建筑师们使用类型、符号和意向进行设计。”①后现代建筑师们不仅参考传统，还善于想象与创造，文丘里就倡导向商业街建筑学习，因为它是如此的不统一、相互对立、似是而非；因为它是如此折中、有典故；因为它是如此富于想象力，并包含了相互对抗、冲突的不同风格。

事实上，文丘里流露出对美国城市路边商业带的极大热情，他倡导紧随流行艺术，混合高雅和低俗艺术，对现代主义大力反对真实文化及其总是怀疑、鄙视大众文化的做法提出反对。文丘里的观点在重返历史价值、再现建筑象征本质方面具有相当影响力。他以其在手法主义和巴洛克艺术方面的经验，通过形式与主题向复杂性的回归服务于新的建筑理念。同时，他将关于当代波普艺术的运用思想转移到日常生活，并将商业和象

---

① 文丘里，布朗，艾泽努尔. 向拉斯维加斯学习[M]. 徐怡芳，王健，译. 原修订版. 北京：知识产权出版社，中国水利水电出版社，2006：3.

征性语言应用于建筑和城市规划中。

在后现代建筑中，尽管建筑的力学结构和技术支撑仍是线性关系的延伸，但其艺术符号与象征功能却与传统建筑艺术的意义指涉及其历史积淀相去甚远。在哥特式建筑中彩色玻璃窗、尖券、扶壁等从一开始就宿命性地服从于意义和价值目标的拟定形态。到了后现代时期，建筑艺术则彻底改变其象征功能，它使原本冰冷神圣的建筑成为让城市欲望化、让市民情绪亢奋的实体形式。后现代建筑自行创造出隐喻的手法，以不同的目的取向歧义地存在于建筑表象之中。这些实例不仅是观念更新后的"双重符码"风尚的折中，也是价值关系全面转向的标志。也就是说，它是使用现代语法亦使用历史语法的杂交建筑，而且既关注其鉴赏力亦关注其时尚感。同时，"建筑中无情境性表示某种无语言性的语言，而建筑中的文化情境则是表达某种共同形成的、生动的话语……情境性不是要压迫支配什么，而是要解放什么，它和环境有一种自由的、创造性的、象征化的联系"①。总之，后现代建筑创造地使用各种富有隐喻意义的形式间的对比组合，唤起人们对于某些事物的联想和回忆。

一大批富有探索精神的后现代建筑师在全球范围内树立极具诱惑的建筑，以及为了视觉诱惑而扭曲变形的公共基础设施，这一切都充分显示了建筑的丰富内涵和多阶意义。换言之，鲜活而有激情的建筑，不是规整的秩序罗列，不是抽象的符号表达，而是现实和激情的密切交流。它把精英文化和流行艺术耦合在一起。正因如此，后现代建筑师把古典元素抽象为符号，而其作为装饰又起到了隐喻效果，并在历史与现实、建筑与环境之间建立文脉联系，最终产生修辞效果。事实上，暗示性和隐喻性的作用在于合力应用，它们共同建立起一系列复杂经验，而建筑形象也就此成

① 科斯洛夫斯基. 后现代文化[M]. 毛怡红，译. 北京：中央编译出版社，1999：135.

为一种有意味的凝结物。建筑揭示了现实的丰富与复杂,欣赏者在建筑与自身经验之间建立起联系。

后现代主义要消除不同社会秩序之间的差异,它是一种混搭艺术,它拒绝任何统一原则。这就意味着,艺术不再按照固有的历史线索或者时间顺序演进,历史上曾出现过的所有艺术形式在今天都可以继续共存。在摆脱艺术史的宏大叙事的约束之后,艺术家可以用任意艺术风格进行组合来实现自己的艺术意图。从艺术界中抓取资源经行整合、拼贴,成为当代艺术的重要特征。后现代混成作品的随意风格引用与后现代大众的需求是一致的,消费者渴望世界转化为各种形象。

本雅明(Benjamin)说:“人类对于居室的要求却是永恒的。建筑艺术从来没有被赋闲过。它的历史比任何一部艺术的历史都要长久,它展示自身的方式对任何一种为大众与艺术品的关系进行辩护的尝试都具有意义。建筑艺术以双重方式被接受:通过使用和对它的感知。或者更确切些说:通过触觉和视觉的方式被接受。……触觉上与视觉上的凝神专注绝不是对立的,触觉方面的接受不是以聚精会神的方式发生,而是以熟悉闲散的方式发生。面对建筑艺术平板,后者甚至进一步界定视觉方面的接受,这种视觉方面的接受很少存在于一种紧张的专注中,而是存在于一种轻松的顺带性观赏中。这种对建筑艺术品的接受,在有些情形中却具有典范意义。”①后现代建筑不仅提供视觉和触觉的感受,还连接了人们的历史记忆。后现代建筑是大众综合各种感觉的狂欢,它以其隐喻性和象征性打破了之前建筑强加给人们的感受。诚如“有一千个读者就有一千个哈姆莱特”一样,对于后现代主义建筑,人们完全可以沉浸在自己的个人体验之中。后现代建筑以其自身的特点颠覆了人们原有的对于传统

① 本雅明. 机械复制时代的艺术作品[M]. 王才勇,译. 北京:中国城市出版社,2001:27.

建筑的认识。

秉承后现代主义艺术隐喻性和意象性的文化逻辑，后现代建筑希望展现自己的商品性与消费性，试图凸现文化符码在构建现实和主体性中的作用，并用新的方式来取代现实主义再现方式。文化的渗透与感知具体化创造了一种共同的文化情境，它是由形象与叙事的意义决定的。在建筑上，这种文化渗透与感性具体化已出现在符号隐喻中。于是，那曾经专属于精英阶层的独有财产如今变成了普通人的大众共有，曾经深奥难解的密码如今被公开宣布是其意识形态。

美国电报电话大厦(图6.5)是由约翰逊完成的。它是一座细条高的板式大厦，采用钢质结构，建筑师把它做成石头建筑的模样，用一种桃红色又带灰色和白色纹理的花岗岩板材饰面，并且覆盖了外墙的大部分。

图6.5　美国电报电话大厦

源于约翰逊对于19世纪晚期带有古典檐口砖石大楼的偏爱，大厦的顶部放置了一个高10米的山花，中间开了一个圆形的缺口。传统的石材配上现代的色彩，古典的山花加以圆润的曲线，给人的印象是既重视传统又并非旧风格的重复。约翰逊大胆运用非此非彼的隐喻、折中主义暧昧的手法，使大型公共建筑重新恢复历史面貌。大厦肢解了历史上古老的建筑构件：基部采用意大利文艺复兴时期小教堂的构图，顶部的断裂山花使人联想到了老式座钟。这座拼贴了古典风格、现代高层建筑风格、巴洛克时代的堂皇风格和现代商业化风格的建筑在高楼林立的曼哈顿起到了突出的广告作用。这一建筑反映出多元化、通俗化，又带点怪诞，缺乏特定规范约束力的特点。约翰逊在建筑中运用传统交流机制鞭挞正统现代主义的贫乏性，主张组成传统语汇的习俗体向产生与大众审美经验有关的形式存储回归，而不必顾忌时代和风格上的混淆。针对现代建筑对欧几里得几何形体过于简化的滥用，后现代建筑采取截然不同的方法——建筑的形式不是由简单的几何形体组合，而是通过相互交叉、渗透和变形进行创造。

“按照詹姆逊的说法，后现代主义代表大量文化的变迁，其中包括：高雅文化和低级文化之间的坚固界线已告瓦解；现代主义作品受到资本主义的完全认可和改编利用，丧失了批判和颠覆的棱角；而文化几乎完全成为商品，从而失去了向资本主义发起挑战的批判距离；由于主体彻底碎裂，因而焦虑和异化问题以及资产阶级的个人主义已不复存在；颓废的现在主义（presentism）抹杀了具有历史意义的过去，同时使人们不再能感觉到一个具有不同意义的未来；出现了令人迷惘眩晕的后现代超空间。”①以此观之，后现代建筑正是这些现象的最佳反映，而它也在其中检视和确

① 凯尔纳，贝斯特. 后现代理论：批判性的质疑[M]. 张志斌，译. 北京：中央编译出版社，2004：240.

立自身的意义。

“后现代世界里不存在意义;它是一个虚无的世界,在这个世界中,理论漂浮于虚空之中,没有任何可供停泊的安全世界港湾。意义需要深度,一个隐藏的维度,一个看不见的底层,一个稳固的基础;然而在后现代社会中一切都是‘赤裸裸的’、可见的、外显的、透明的,并且总是处于变动之中。”①后现代建筑中图像给人以似曾相识之感,但同历史中的符号又有着一定的差别。这类图像是被创造出来的,它是毫无根基的,是从下层来看的大众主义世界观,它总是以对特权阶级的嬉闹颠覆来批评上层高雅文化。

## 本章小结

今天,人们对“消费文化”一词的使用与日俱增,主要原因是对大众趣味中的直率与真诚表示强烈的赞同,而这也是西方社会转向后现代的标志之一。通过理解消费文化的专门模式与意指体系,以及那些构筑日常生活的文化结构和实践关系,我们能够发现后现代建筑的当下意义。后现代建筑将形式作为外观重要的组成部分,试图抛弃现代建筑倡导的理性、严肃、正统的样式,为消费社会提供诙谐、娱乐、轻松的形式。这不仅对理解人们为何转向大众和流行的文化具有重要意义,而且也是理解后现代主义的关键。

① 凯尔纳,贝斯特.后现代理论:批判性的质疑[M].张志斌,译.北京:中央编译出版社,2004:164.

# 第七章　奔向新建筑

后现代建筑颠覆了建筑的固有面貌，它破坏原有规则，重组新的艺术语汇。从此，建筑艺术无所羁绊，进而走向自由放任、天真纯朴和开放多元。追随后现代主义思想家的步伐，后现代建筑师秉持发散思维，驱除了建筑思维定式和框架，建造了平易近人、没有紧张和压迫感的作品。作为视觉艺术的样式，后现代建筑挑战了传统静态艺术观念，它以“参与”的方式激活了观者及建筑本身。后现代建筑不再新鲜，但仍然具有影响力。质言之，后现代建筑的成功之处在于，“重现我们运动中的身体那种连续不平衡的状态”①，而它以此反抗僵化的外部秩序和内在教条。

## 第一节　创造与革新

梅洛-庞蒂（Merleau-Ponty）认为，现象学的宗旨在于“把无声的体验带到它自己的意义的表达中”②，而后现代建筑这种“静默的存在”将在其自身的意义中“绽开”。显而易见，后现代建筑在空间、外形、立面和装饰等方面有着显著的特点。后现代派认为现代建筑的均质无向性空间冷漠无情，转而追求富有变化、引人入胜、多层次和无限含蓄的空间。创造

① 孙周兴，高士明. 视觉的思想[M]. 杭州：中国美术学院出版社，2002：38.

② 梅洛-庞蒂. 知觉现象学[M]. 姜志辉，译. 北京：商务印书馆，2001：11.

了片段的、含混的、变化不定的、丰富多彩的新空间，并利用空间序列、层次、重叠，取得变化无穷、耐人寻味的意境。关键在于，后现代建筑是一个“有意味的形式”，其意义就暗含在其自由无羁的形式之中。在它身上，象征、隐喻，抽象、具象，虚空、实在等如其所是地自我彰显。

在后现代语境下，建筑将“看”与“被看”融为一体；因而后现代建筑既是视觉的延伸，也是激进的批判和超越性的艺术样式。事实上，后现代主义继承了西方古典哲学的批判和自由精神，但其理论主要是在与现代主义的激烈对话中展开的。后现代主义是西方历史进程中出现的必然现象，它是晚期资本主义或后工业时代的产物。正因如此，后现代主义是晚期资本主义文化逻辑的体现，也是后现代人“无中心自我”的反映。如所周知，后现代主义是西方知识界对理性历史的反思，其关键“话语”是反对逻各斯中心主义，反对理性独白，反对总体性和形而上学，反对本质主义和一切霸权，提倡平等、对话与交流的关系，注重历史的鲜活性和社会行为的有效规则。而在艺术文化领域，后现代主义的实践造成传统话语的断裂，其主要特征是解构主义、多元主义。它以不确定性、平面模式、行为化等反美学和反形式取代传统的美学和艺术形式，注重正反两面的亲历体验。

后现代建筑就是这样一门艺术，它是后现代主义文化的集中反映。尤其是在建筑的外在形式上，这种“后现代性”体现得更是淋漓尽致。比如，在建筑造型上，后现代派回到建筑传统，再次强调建筑的形体质量感，它运用变形、分裂、解体取得引人注目和焕然一新的建筑形象。甚至，它有时可以将多种不相干的断续意念拼凑在一起，一座建筑的各个立面可以具有不同的风格，有助于场所的可识别性，体现建筑对城市空间的延续性和对历史传统的新认识。这就是形式的“意味”，亦即隐喻的“形式”。

此外，后现代建筑摒弃了现代建筑平整的立面特征，认为决定建筑外貌的条件不单纯是功能，还有自然环境、具体区域、历史文脉等；同时，它还提倡表现建筑内外空间的交互作用,重视层次感、深度感,追求材质的立面效果。如此一来,后现代建筑就成为一种形式化的艺术,而它也在这一过程中延展了自身的意义。换言之,后现代建筑是“形象大于思维”,它甚至超越了建筑本身。

一代有一代之风尚,而一代也有一代之美学。后现代建筑最突出的特点是它的怀疑和批判精神,“非”或“反”现存价值的反叛精神,以及它所特有的反讽和游戏表达方式。希腊社会学家米歇尔·瓦卡卢利斯(Michel Vakaloulis)认为,后现代包含三个层面内容:“文化逻辑,强调艺术领域的根本的相对主义和平庸;知识进程,以变动的、不确定的、开放的范畴为中心的社会的意义结构;社会构型和转型,它是占主导地位的社会关系不断扩张的再生产的转折点。”①这就意味着,后现代话语不是单一固定或一成不变的。它具有不确定性、碎片化、去经典化、讽刺、杂交、狂欢、无深度、自我缺失和内在性的特征。有人说“现代性的三大主题是个人主义、工具主义和公民权。这些主题中的每一个都产生一种‘隐忧’:意义的丧失,目标的销蚀和自由的失落”②。然而,后现代性就是要克服这些局限,因此后现代是一个发明和再发明传统的时代,而不是一个非传统化的时代。由是观之,后现代建筑率先超越了传统,成为解放和颠覆的先锋。

“后现代的概念是开放的,因为它摆脱了历史的坚硬核心,摆脱了统治世界的精神,而重新获得历史与对话的自由,获得了历史与非理性、绝对以及自然的崭新关系。和普遍化的、单一集体专制相反,后现代思想倡导多元事物构成的多样性,用以取代一种话语、一种承诺的历史。它用复

---

① 瓦卡卢利斯. 后现代资本主义[M]. 贺慧玲,马胜利,译. 北京:社会科学文献出版社,2012:31.

② 德兰蒂. 现代性与后现代性[M]. 李瑞华,译. 北京:商务印书馆,2012:64.

数形式的历史进步、一致、社会进化及其理性表现等话语取代单数形式的一致、历史、进步等话语。”①通过比较现代建筑和后现代建筑，我们可以看出现代建筑是脱离历史的改革运动，而后现代建筑则是从历史中寻求灵感的复辟；现代建筑是标准化、批量生产的，而后现代建筑是自由的、个性化的。因此，后现代建筑必将超出自身，它是一种充满矛盾、隐喻和象征的艺术样式。

## 第二节　问题与局限

正如韦伯所认为的那样，现代世界是一个“祛魅”的世界，它已经摆脱了神话和宗教的束缚。因此，现代性就是一种批判和建构的力量，它要破除顽固的宗法力量，同时建构科学理性的新主体。可以说，现代主义在批判的道路上已经走得很远了，然而在后现代主义者眼中这还不够远。尤其是当现代性逐渐被自我的神话所困扰之时，后现代主义就成为其终生之敌。在一定程度上，如果说现代主义是“推论的”文化形式，那么后现代主义则是“比喻的”文化形式。较之现代主义认识论的科学化倾向，后现代主义更关注人文性，更关切主体的生活境况，因而充满浓郁的人情味。针对现代主义自我神话和泛化的做法，后现代主义揭示其狭隘性和自恋心态。这种否定权威、保护弱小，解构中心、关注边缘，反抗理性、尊重情感，挣脱统一、主张多元化的思想倾向激励人们一往直前、永不退缩。

后现代主义重新审察传统和历史，重新进行价值评估；同时，它也提醒人们注意，随着社会整体的转变，我们必须站在新的高度审视当下文化。在后现代理论中，首要的是批判，因而建设性的后现代主义是晚近才

---

① 科斯洛夫斯基. 后现代文化[M]. 毛怡红，译. 北京：中央编译出版社，1999：26.

出现的。作为最具有大众性的文化情境之一的艺术样式,建筑及其观念的每一个微小变化都和后现代主义思想密不可分。

这就是后现代主义的“祛魅”,也是其自我表达的显现。为此,后现代建筑强调差异性、他异性、快感、新颖性,攻击理性和解释学;它摒弃宏大叙事,提倡微叙事、小叙事,它关心生活在周边的普通人的每一个梦想……与其他艺术一样,建筑能够激励每一个人;它带给我们的不应是乏味无趣、渺小无助乃至虚假导致的耻辱感,而应该是热情、希望和真挚的情感。准确地说,后现代建筑的目的是想通过构建一种崭新的生活方式,把住宅中的个体从思想和行为受拘束的惯例中解放出来,以便回答“人是什么”这个问题。这个答案就是人必须自我设计,因为个体,而不是群体或社会,才是人类最高和最完美的体现。除此之外,后现代建筑还把注意力放在语义方面,它注重建筑符码的兼容与文脉关联,强调建筑设计中的文脉和文化上的附加物,对传统历史符号进行选择和变形,大多数涉及象征含义,而这种象征往往隐含古老的历史文化。因之,建筑师们把装饰、幽默以及建筑的现在、过去和未来的文化进行了游戏般的组合。

然而,在驱除神秘、武断、单一和崇高之后,后现代建筑也开始走向自我“复魅”。建筑是时代的镜子,风格的发展变化总是能够在一定程度上反映当时社会的某种审美倾向和社会思潮。“‘后现代’就像任何其他标签,有其优点和缺点。”①同其他文化现象一样,建筑也从来不存在不偏不颇、十全十美的发展道路。由于对科学技术存在不可替代的依赖,后现代建筑也不可能彻底走出工具理性主义或技术至上主义的窠臼。甚而至于,后现代建筑还在技术迷恋的同时身陷虚无主义的漩涡而无法自拔。

---

① JENCKS C. A genealogy of post-modern architecture[J]. Architectural design, 1977(4):269.

## 一、技术崇拜

随着空间探索、通信的进步,以及计算机技术的使用,建筑越发重视研究新结构、新技术与新材料,并充分展现出材料之美,而它也越来越以新鲜的形象引起人们的注意。“科学技术可以解决一切问题”,建筑师认为技术是一种理性行为,技术的进步从思想深处影响了人们对于技术的审美态度。在对待设计功能、技术和工业化方面,一些后现代建筑不再以反艺术的面目出现,而是通过展示内在结构与设备、通过对科学技术的信仰,表现出建筑功能的艺术美。正因如此,建筑的特点体现在尺度、表皮、节点等方面;它们在空间尺度和体量上追求高度和跨度,甚至挑战技术极限——技术被看作建筑和室内的支配部分。

从实际使用角度来说,大空间、大跨度和超高层建筑未见得是必需的,但它却在某种程度上满足了人们崇拜技术的热情、控制技术的野心和炫耀技术的虚荣心,所以即使没有使用的需要,也可以说有一种心理的需要。就这样,后现代建筑将自身神话了,而它也在这一过程中陷入困境。换句话说,后现代建筑的这种对于高科技的态度从迷恋到运用,再到玩耍,实际上夸张了技术的合理性,而并未看到技术的两面性。一个明显的例子,在高科技风格建筑层出不穷之时,来自各方面的质疑与指责声也络绎不绝。重点在于,在现代建筑中曾出现的机械化、单调化的建筑面貌与审美、人情味的缺失也再一次成为高技术风格争论的焦点,而这本来是后现代建筑一直力图避免的现象。

## 二、虚无主义

与此同时,后现代建筑对于技术的过度崇拜也引发了连锁反应。其中最重要的就是,后现代建筑使人的本真性生存和“诗意的栖居”变得越来越不可能。后现代建筑在产生之初曾经十分注重与“文脉”的关系,那时它强调与周围环境的联系，也关心人的自身意义和建筑的关系。然而随着时代的发展，建筑与环境、历史、文化之间的关系，乃至建筑本身都成为人们必须考虑和解决的问题。只是高技派的目光并不停留在过往的历史上，而是把科技和文明的内涵熔铸在工业巨构之中。即使对于装饰的使用，它也与其他后现代建筑不同：它通过结构或材料本身的光影效果和幻感，如利用彩色玻璃幕墙或金属立面产生光感效应；同时采用色灯或其他高科技手段创造魔幻效果……事实上，后现代主义高技派建筑总是带有一种机械式的冷面，它缺少温情，缺少人文气息；这类建筑带有一种产品美学或桥梁美学的惯性，表现出一种明显的无差别性和无特征性；同时，高技派建筑往往忽略建筑与环境的关系，最终表现出明显的无情境性。

如此一来，乡愁丧失、理想幻灭，而虚无主义就此出现。“后现代世界里不存在意义；它是一个虚无的世界，在这个世界中，理论漂浮于虚空之中，没有任何可供停泊的安全港湾。意义需要深度，一个隐藏的深度，一个看不见的底层，一个稳固的基础；然而在后现代社会中，一切都是‘赤裸裸的’、可见的、外显的、透明的，并且总是处于变动之中。从这一点上讲，后现代场景展现的是意义已死的符号和冻结了的形式，它们不断地变化出一些新的组合形式。在这种符号与形式的加速增殖过程中，内爆与惯性不停地加剧加大，表现为增长超出了极限，最终使自身也在惯性中走向崩溃。”①物极必反，人们片面地追求新技术、新材料的运用之时，一些后现代建筑暴露出弊端和问题。后现代主义在宣称与现代主义决裂的过程中，实际上是在重复现代主义自己借以成立的行为，即绝对否定过去的做法。后现代建筑在批判现代建筑的过程中，不免陷入了另一种片面的形

---

①　凯尔纳，贝斯特. 后现代理论：批判性的质疑［M］. 张志斌，译. 北京：中央编译出版社，2004：164.

式主义与复古主义倾向。换言之,后现代主义在断然否定现代主义时更像现代主义,而这正是其困难之所在。

## 第三节　未来与展望

有人说,后现代主义的通俗性是对人类命运一个更深的、在某种意义上更内向的反映。然而哈桑质疑了这一看法,他认为后现代艺术"不仅在时间上,而且在主旨上更接近希望本身的改变"①。这就意味着,真正的后现代主义不仅是破坏性的,也是建设性的;它始终处于运动和未完成状态之中。后现代主义对自由的艰苦探索不仅显示了自身的激进批判立场,也深刻表达了其永无止境的目标就是自由本身。20 世纪的世界建筑史可以说是一部实验建筑的历史,1960 年以来的建筑风格的不断转换更是如此——实验和困惑始终同时发生和并存着。世俗、通俗、媚俗都不是目的,后现代建筑的未来在于不断的自我创新之中;它将以灵活多变的样式彰显独立、自由和超越精神。

作为晚期资本主义的文化现象,早期后现代主义建筑由于其通俗浅显、非正规性和平凡性,使它更像艺术的"快餐",而不像现代主义建筑的那种正式"筵席"。在早期单纯追求建筑外表新奇造型的风潮流行过去之后,建筑师开始对包括建筑功能在内的建筑结构进行深入的思考与分析。整体上看,世界建筑进入一个新的发展时期。它是在现代主义的基础上加以提炼和改良的新现代主义建筑时期,也是在装饰风格上进行细节处理和补充的新后现代主义建筑时期。换言之,目前的建筑呈现出"螺旋式"发展势头,而这也符合辩证法的"否定之否定"规律。

不可否认,在现代主义美学退出历史舞台之后,同时或相继出现过各

---

①　哈桑.后现代转向[M].刘象愚,译.上海:上海人民出版社,2015:113.

种形形色色的建筑美学观念和流派,如新现代主义、新理性主义、解构主义等,大多数至今仍然还很活跃。因此,当代建筑领域不再存在一种像现代主义那样一统天下的单一的美学观念,而是多元并存的。事实上,当代西方建筑美学观的确立比历史上任何时期都更富戏剧性。这是因为当代西方建筑美学不是以单声部,而是以多种混声合唱的形式登场的。诚如"双峰插云"各照其峰一样,后现代建筑不再以地域、民族或文化为界限,而是以人的理解、个性的展现为其基本目的。因此之故,未来的建筑在立意上应该追求个性、象征与自由,强调语言功能和意义的传递;而在表现手法上,它更应该注重工业技术与审美主义的结合,并讲求人情化、乡土化和民族化。具体来说,虽然会出现很多困难,但未来的建筑将会围绕以下四个方面自由创新、蓬勃发展。

## 一、生态主义

在提倡绿色环保和可持续发展的今天,后现代建筑同样应该注重生态环保问题,亦即倡导有机建筑。建筑将不再被看作"单体"的空间创造,而是在整体设计的基础上充分考虑环境科学和生态学,进而反映体现环境意识。因为,真正的后现代主义应该是"生态的":它"既不同于环保主义(environmentalism),也不等同于广义的生态学(ecology)(后者缺乏对于现代性危机的历史的、政治的、哲学的知识),而是一种本体论,一种思维方式"①。

## 二、人文关怀

建筑表现人的情感,这一点已经越来越引起人们的重视。首先,建筑

① 王治河. 后现代哲学思潮研究[M]. 增补本. 北京:北京大学出版社,2006:306.

造型要亲切宜人、具有可识别性；其次，要重视建筑给人的心理效应和空间形态感、层次感；再次，建筑必须多样化，必须追求亲切感和生活气氛。总之，新建筑必须介入旧系统，从而保持时空的连续性和互文性。

### 三、地域文脉

地域文脉主义是抗击一切形形色色的美学霸权主义的最佳利器。在此基础上，未来的建筑需要讲求向非经典性的地缘文化寻求创新的力量。换言之，它需要古今结合、突破常规并注重传统。

### 四、身份认同

任何时候，民族风格都是一个在长期发展中孕育出来的本地区、本民族的风气格调，它具有明显的地域性和继承性。未来的建筑需要充分尊重和表现当地历史文化传统和风俗特征，而其内涵也必须体现出地方性、历史感和文化意义。唯有如此，建筑才能成为个体的爱的居所，以及个人自我身份认同的风向标。建筑应该“拓展到广阔的环境里面，这些环境不仅包括自然环境、城市环境，还包括文化环境”①。

## 本章小结

“诗意的栖居”这个荷尔德林式的梦想在当下和未来并非不可能实现。当一座建筑成为一个诗意空间、文化空间和自由空间的时候，它所积淀和沉潜的话语意义与人文精神溢于言表。在一定程度上，建筑追求的是建造之外的人文维度和自由理想。建筑关乎人们的生活和审美，也关

---

① BERLEANT A. Environment and the arts: perspectives on environmental aesthetics[M]. London: Ashgate Publishing Company, 2002: 2.

乎个体自由之实现,但它需要我们的凝神寂虑和审美关照。

后现代主义美学提出了一个全新的文本概念,这种“文本”本质上是“不完整的”,它总是与其他的文本相互交织。于是,后现代建筑作为一个文本同样是留有空白的、开放的,它期待着观者的参与和对话,并通过对话完成其意义的解读。后现代社会否定单一的、权威的话语,期待倾听不同的声音,形成一种多元对话;在后现代建筑中,这种多元对话同样存在。“对话”的前提是深度模式、宏大叙事、历史意识的消失;在消除了权威的、深度的话语与叙事之后,对话才成为可能。对话的模式允许建筑内外差异和对抗的存在,建筑的意义不再由自身决定,而是延伸到许多相关的体系,延伸到许多不同的联想层次。这就使人产生连续的再解读,在观者、文本、环境之间激发联想,在丰富的内涵外延中不断发现新的可能、新的意义。

建筑的发展历史反映出了人类文明的进步。正如法国作家维克多·雨果在《巴黎圣母院》中所说,“建筑学一直是人类的巨著,是人类各种力量的发展或才能的发展的主要表现”。人类将不断地以自己的聪明才智探索建筑的未来,不断谱写着更加华丽的篇章,建筑将更具有个性、更加多元化。

# 参考文献

[1]詹克斯.后现代建筑语言[M].李大夏,摘译.北京:中国建筑工业出版社,1986.

[2]詹克斯.什么是后现代主义[M].李大夏,译.天津:天津科学技术出版社,1988.

[3]格伦迪宁.迷失的建筑帝国:现代主义建筑的辉煌与悲剧[M].朱珠,译.北京:中国建筑工业出版社,2014.

[4]赛维.现代建筑语言[M].席云平,王虹,译.北京:中国建筑工业出版社,2005.

[5]《建筑师》编辑部.从现代向后现代的路上(Ⅰ、Ⅱ)[M].北京:中国建筑工业出版社,2007.

[6]卡彭.建筑理论(上) 维特鲁威的谬论:建筑学与哲学的范畴史[M].王贵祥,译.北京:中国建筑工业出版社,2006.

[7]卡彭.建筑理论(下) 勒·柯布西耶的遗产:以范畴为线索的20世纪建筑理论诸原则[M].王贵祥,译.北京:中国建筑工业出版社,2006.

[8]科因.建筑师解读德里达[M].王挺,译.北京:中国建筑工业出版社,2018.

[9]索亚.第三空间:去往洛杉矶和其他真实和想象地方的旅程[M].陆扬,译.上海:上海教育出版社,2005.

[10]克鲁夫特.建筑理论史:从维特鲁威到现在[M].王贵祥,译.北京:中国建筑工业出版社,2005.

[11]罗斯金.建筑的七盏明灯[M].张璘,译.济南:山东画报出版社,2006.

[12]矶崎新.未建成/反建筑史[M].胡倩,王昀,译.北京:中国建筑工业

出版社,2004.
[13]哈里斯.建筑的伦理功能[M].申嘉,陈朝晖,译.北京:华夏出版社,2001.
[14]诺伯格-舒尔茨.西方建筑的意义[M].李路珂,欧阳恬之,译.北京:中国建筑工业出版社,2005.
[15]弗兰姆普顿.现代建筑:一部批判的历史[M].张钦楠,译.北京:生活·读书·新知三联书店,2004.
[16]刘先觉.现代建筑理论[M].北京:中国建筑工业出版社,1999.
[17]勒·柯布西耶.走向新建筑[M].杨至德,译.南京:江苏凤凰科学技术出版社,2014.
[18]帕多万.比例:科学·哲学·建筑[M].周宇鹏,刘耀辉,译.北京:中国建筑工业出版社,2005.
[19]格里芬.后现代精神[M].王成兵,译.北京:中央编译出版社,2011.
[20]默克罗比.后现代主义与大众文化[M].田晓菲,译.北京:中央编译出版社,2001
[21]佩夫斯纳.现代建筑与设计的源泉[M].殷凌云,译.北京:生活·读书·新知三联书店,2001.
[22]佩夫斯纳,理查兹,夏普.反理性主义者与理性主义者[M].邓敬,王俊,杨娇,等译.北京:中国建筑工业出版社,2003.
[23]戈德伯格.建筑无可替代[M].百舜,译.济南:山东画报出版社,2012.
[24]马尔格雷夫,戈德曼.建筑理论导读:从1968年到现在[M].赵前,周卓艳,高颖,译.北京:中国建筑工业出版社,2017.
[25]文丘里.建筑的复杂性与矛盾性[M].周卜颐,译.北京:中国水利水电出版社,知识产权出版社,2006.
[26]文丘里,布朗,艾泽努尔.向拉斯维加斯学习[M].徐怡芳,王健,译.

原修订版. 北京:知识产权出版社,中国水利水电出版社,2008.
[27]德兰蒂. 现代性与后现代性:知识,权利与自我[M]. 李瑞华,译. 北京:商务印书馆,2012.
[28]朱立元. 后现代主义文学理论思潮论稿(上、下)[M]. 上海:上海人民出版社,太原:山西教育出版社,2015.
[29]康纳. 后现代主义文化:当代理论导引[M]. 严忠志,译. 北京:商务印书馆,2007.
[30]斯科鲁顿. 建筑美学[M]. 刘先觉,译. 北京:中国建筑工业出版社,2003.
[31]哈姆林. 城市之美[M]. 刘芳,译. 天津:天津科学技术出版社,2019.
[32]埃森曼. 建筑经典:1950—2000[M]. 范路,陈洁,王靖,译. 北京:商务印书馆,2015.
[33]林奇. 城市意象[M]. 方益萍,何晓军,译. 北京:华夏出版社,2017.
[34]王贵祥. 世纪建筑理论诸原则[M]. 北京:中国建筑工业出版社,2006.
[35]诺伯格-舒尔茨. 建筑:场所和意义[M]. 黄士钧,译. 北京:中国建筑工业出版社,2018.
[36]卡奇亚里. 建筑与虚无主义:论现代建筑的哲学[M]. 杨文默,译. 南宁:广西人民出版社,2019.
[37]汪原. 边缘空间:当代建筑学与哲学话语[M]. 北京:中国建筑工业出版社,2010.
[38]薛恩伦,李道增. 后现代建筑 20 讲[M]. 上海:上海社会科学院出版社,2005.
[39]渊上正幸. 世界建筑师的思想和作品[M]. 覃力,黄衍顺,译. 北京:中国建筑工业出版社,2000.
[40]亚历山大. 建筑的永恒之道[M]. 赵冰,译. 北京:知识产权出版

社,2020.

[41]郑时龄.建筑批评学[M].北京:中国建筑工业出版社,2002.

[42]DOORDAN D P. Twentieth-century architecture[M]. London:Laurence King Publishing Ltd.,2001.

[43] CASTLE H. Modernism and modernization in architecture[M]. New York:Academy Editions,1999.

[44]NESBITT K. Theorizing a new agenda for architecture:an anthology of architectural theory 1965-1995[M]. New York:Princeton Architectural Press,1996.

[45] KOOLHAAS R. Delirious New York: a retroactive manifesto for Manhattan[M]. New York:Monacelli Press,1994.

[46]SYKES A K. The vicissitudes of realism:realism in architecture in the 1970s[D]. Boston:Harvard University,2004.

[47] JENCKS C. New paradigm in architecture: the language of post-modernism[M]. New Haven and London:Yale University Press,2002.

[48]JENCKS C. Critical modernism:where is post-modernism going? [M]. Lagos:Academy Press,2007.

[49]PAPADAKIS A, BROADBENT G, TOY M. Free spirit in architecture [M]. New York:St. Martin's Press,1992.